天津市科协资助出版

工程力学
计算方法与
程序设计

叶金铎　张春秋　叶　航　著

清华大学出版社
北　京

内 容 简 介

本书是作者多年从事工程力学教学、科学研究和工程应用研究成果和经验的积累与总结。

全书共分 6 章,第 1 章为绪论,主要为工程力学计算方法的分析与总结,以及本书的写作目的;第 2 章为线性代数方程组的主要解法;第 3 章为平面静定桁架的计算方法与应用;第 4 章为平面物系的计算方法与应用;第 5 章为梁变形的计算方法与应用;第 6 章为超静定梁力与变形的计算,主要介绍了数值微分、超静定梁变形计算的有限差分法、超静定梁变形计算的积分法和超静定梁变形计算的混合方法、位移法和力法。

本书可以作为桥梁、井架与吊笼设计工程师的参考用书,也可以作为相关专业本科生和研究生的参考用书。本书配有计算程序和执行文件,供读者选用。

图书在版编目(CIP)数据

工程力学计算方法与程序设计/叶金铎,张春秋,叶航著. —北京:清华大学出版社,2020.9
ISBN 978-7-302-55120-1

Ⅰ. ①工… Ⅱ. ①叶… ②张… ③叶… Ⅲ. ①工程力学－计算方法 ②工程力学－程序设计 Ⅳ. ①TB12

中国版本图书馆 CIP 数据核字(2020)第 049857 号

责任编辑:佟丽霞　赵从棉
封面设计:傅瑞学
责任校对:刘玉霞
责任印制:杨　艳

出版发行:清华大学出版社
　　　　网　　　址:http://www.tup.com.cn,http://www.wqbook.com
　　　　地　　　址:北京清华大学学研大厦 A 座　　　　邮　　编:100084
　　　　社 总 机:010-62770175　　　　　　　　　邮　　购:010-62786544
　　　　投稿与读者服务:010-62776969,c-service@tup.tsinghua.edu.cn
　　　　质量反馈:010-62772015,zhiliang@tup.tsinghua.edu.cn
印 装 者:三河市金元印装有限公司
经　　销:全国新华书店
开　　本:170mm×230mm　**印　　张:**11.25　　**字　　数:**212 千字
版　　次:2020 年 9 月第 1 版　　　　　**印　　次:**2020 年 9 月第 1 次印刷
定　　价:69.00 元

产品编号:075790-01

前言

　　本书主要讲述工程力学问题的解析计算方法、程序设计及其在复杂工程力学问题中的应用。针对手算解题效率低和解题范围受到限制的问题,本书从算法的独立、通用性和有利于编程三个方面详细分析比较了传统工程力学计算方法的各自特点,提出和设计了适合解决复杂工程力学问题的计算方法。书中的主要内容均为作者的研究成果,计算程序均由作者编写。

　　本书的价值在于通过工程力学的一些有代表性的内容,重点讲述如何将一个工程力学问题交给计算机完成,帮助读者学会使用计算程序快速获得复杂工程力学问题的解答。

　　与目前国内已经出版的同类著作和教材比较,本书的主要特点是在传统工程力学解题方法的基础上,提出了新的计算方法或扩大了传统计算方法的解题能力,这方面的内容有:

　　(1)求解梁变形的通用计算方法;

　　(2)用有限差分法计算超静定梁的变形;

　　(3)用积分法计算超静定梁的变形;

　　(4)针对超静定梁的力与变形计算,提出了同时求解约束反力、截面剪力、弯矩、截面挠度和转角的混合方法、位移法和力法,首次导出了以位移表示平衡方程的表达式,这对于读者深入理解弹性力学的位移法有积极作用。

　　本书可以作为工程技术人员特别是桥梁、井架和海上吊笼设计工程师的参考书,也可以作为相关专业本科生和研究生的参考用书。

　　本书第 1 章、第 5 章由叶金铎执笔,第 2 章、第 3 章、6.1 节、6.4~6.6 节由张春秋执笔,第 4 章、6.2 节、6.3 节和附录 A 由叶航执笔,计算程序由叶金铎编写。天津理工大学的冯晶晶硕士参与了第 3 章例题与习题的计算,张兰硕士参与了第 5 章例题与习题的计算。

　　本书经过天津市科学技术协会专家组的评审,出版得到了天津市科学技术协会学术专著出版基金的资助,天津市先进机电系统设计与智能控制重点实验室也为本书的出版提供了支持,作者对此表示感谢。

作　者

2019 年 8 月

目录

第1章

绪　　论

1.1　工程力学计算方法的任务

工程力学是高等工科院校一门重要的技术基础课,包括理论力学和材料力学两个学科的相关内容。工程力学的解题方法与科学技术发展水平密切相关。传统的解题方法一般只适用于解较为简单的问题,例如:材料力学中所研究的对象大多数是等截面直杆,载荷情况也比较简单。另外,为了简化解题过程,也使用了较多技巧。例如:理论力学中物系平衡问题中研究对象的选取、坐标系和矩心的选择等;材料力学中作梁弯曲内力图时微分关系的利用;求梁变形时载荷的分解、变形的叠加、图乘法中图形互乘技巧等。

然而对于工程中的很多实际问题,特别是大型工程结构,由于结构复杂,载荷种类、数量很大,尽管传统方法在理论上可行,但实际上不论使用何种方法、利用何种技巧,依靠手算的传统方法均遇到了很多困难,不仅运算量大,计算时间长而且易出错,很难满足解决工程实际问题的需要。

随着计算机技术的进步与计算机的迅速普及,人们才可能把繁杂的计算过程交给计算机来完成。人们只要根据问题的性质,确定适于电算的算法,并根据有关算法编制出计算机程序,就可以解决一类问题。利用计算机程序,人们可以很方便地对各种工程结构进行分析,得到满足工程需要的解答。不仅如此,利用计算机程序,人们还能对工程结构进行多工况分析和优化设计,得到最优解答,这些都是传统手算方法无法完成的。

工程力学计算方法的任务就是**把工程力学的解题过程计算机化,扩大传统工程力学的解题范围,满足工程实际的要求**。

在学习传统工程力学问题解法的基础上,通过学习工程力学计算方法,可以帮助读者学会如何将一个工程力学问题的求解交给计算机来完成,学会如何选择和设计适于电算的算法,学会如何编制程序、调试程序以及利用有关程序解决实际问题,最终提高解决复杂工程力学问题的能力。

1.2　工程力学计算方法研究的内容

工程力学计算方法研究的主要内容是**算法的研究及程序设计**。

1.2.1　算法的研究

研究算法的目的就是要为电算寻找或设计适合的算法。我们知道,计算机只能处理数字信息,利用计算机解决实际问题,需要告诉计算机是什么问题,利用何种方法解题,输出什么结果,计算机才能按照人们的意愿解决问题。

算法研究是利用计算机解决任何实际问题最为关键的问题,工程力学计算方法也是如此。一个好的算法往往通用性强,编程也较为容易,而一个不好的算法往往通用性差,编程较为困难。

工程力学计算方法不应是传统手算方法的再现,不应照搬原来的手算方法,应在充分研究传统手算方法的基础上,选择具有通用性且适于电算的方法作为电算算法。如果传统的手算方法不能适应电算的需要,就应为电算设计新的算法。

在电算中采用的算法分为两类,一是解析法,二是数值方法。工程力学中解决问题的各种方法多数属于解析法。解析法的优点是所得解答是精确解,其解题过程一般是从原始方程出发,如静力学问题,根据平衡方程及边界条件求出原问题的解;其缺点是解题能力有限,对于一些问题如大变形问题还无法求出解析解。数值方法是解决工程实际问题的有效方法,随着计算机的不断发展,数值方法的应用范围不断扩大。数值方法与解析法不同,在求解某些问题的原方程很困难时,可依据某种原理将原来的方程化为较易求解的线性代数方程组,通过解方程组得到原问题的解,其解答是数值解,也称近似解,往往精度很高。数值方法有很多,工程力学中常用的数值方法有有限差分法、矩阵位移法和有限单元法等。

工程力学中的许多问题都可以用数值方法解决,但是其理论基础与传统工程力学理论差别较大,而且编程过程也较为复杂。作者认为工程力学的计算方法,虽不宜照搬原有内容搞因题而异的算法,也不宜脱离工程力学的基本内容,把数值方法中的有关内容纳入工程力学计算方法,花费较多时间编程解题。在学时有限的情况下较好的做法是在原有工程力学基本内容的基础上选择适当的算法,训练和提高学生编程解决实际问题的能力,为进一步学习有限元法及利用计算机解决工程实际问题打下良好的基础。

在算法研究中,为计算机选择适当的算法应考虑以下几个方面。

1. 算法具有通用性

一个好的电算程序一般要求其算法具有通用性,而那些不具有通用性的算法则不宜作为电算的算法。例如,在平面静定桁架的内力计算中,截面法是利用平面一般力系的平衡方程来求未知力,这就要求研究对象的未知力个数不能超过三个,由于截面的选择因题而异不具有通用性,其算法就不宜作为电算的算法。再如在梁的变形计算中,已有的各种方法在处理静定梁及静不定梁时分别采用不同算法,较难采用统一的方法同时处理静定和静不定问题。范钦珊教授在其所著的《材料力学计算机分析》一书中先是用有限差分法分别建立简支梁和外伸梁的求解格式,进而又采用矩阵位移法建立了超静定梁和连续梁的求解方程,这在一定程度上反映出采用电算统一分析梁的变形问题还存在一些困难。

就平面静定桁架的内力计算而言,虽然教材上讲授的用节点法求解桁架内力时要求每个节点的未知力不能多于两个(受平面汇交力系平衡方程个数限制),但就整个结构而言,只要是静定结构,列出全部节点方程就可以解出全部未知的杆内力及其约束反力,这不仅对简单桁架有效,对复杂桁架也有效,并且因其在列方程过程中不包含任何技巧性,所以节点法就非常适合作为电算的算法。汪群、孙明珠曾采用传统的节点法编制了平面静定桁架内力计算的电算程序,但仅限于简单桁架的内力计算,而不能用于复杂桁架的内力计算,在应用上受到一些限制。作者曾提出了一种求桁架内力的循环节点法,通过列出全部节点的平衡方程来求解桁架中各杆内力与约束反力,该方法适用于简单桁架与复杂桁架内力计算。虽然作者所编程序是针对平面静定桁架的内力计算,但将其推广至空间静定桁架包括简单桁架与复杂桁架并无原则上的困难,因而是一种较好的算法。对于梁的变形计算问题,作者曾对等截面梁的变形计算提出了一种基于材料力学算法的通用算法,使用该算法计算梁的变形,将不再区分静定梁和超静定梁,也不再区分悬臂梁、简支梁、外伸梁、连续梁与支座高度不同的连续梁,一个算法可以解决各种梁的变形计算,适合作为梁变形计算的电算算法。

2. 算法应适于编程

一般来说,任何算法都可以编程,但是好的算法将会使编程较为容易,而一些算法则会使编程十分困难。工程上常见的连续梁,在材料力学中通常采用三弯矩方程求解,但是由于在三弯矩方程中包含了对外载荷弯矩图形面积和其形心位置的计算,编程计算较为困难,所以在有关文献中计算连续梁变形时一般不采用三弯矩方程而多采用矩阵位移法。范钦珊教授在所著《材料力学计算机分析》,沈锦英在所编《结构力学的电子计算机计算原理及程序设计》中计算连续梁的梁端内力时均采用了矩阵位移法而未采用传统的三弯矩方程,皆是因为三弯矩方程算法较难编程。

3. 算法应自身独立

电算应采用自身独立的算法,为了方便用户,除了输入结构计算的必要信息如载荷信息、结构信息和约束信息之外,算法本身最好不让用户再输入载荷结构与约束信息之外的任何信息,特别是输入那些因题而异的信息。由于矩阵位移法未能像有限元法利用形函数处理非节点载荷,因此在计算连续梁的梁端内力时,需要用户查表输入固端弯矩的数值,使其在应用上受到一些限制,用户在使用时也不方便。作者提出的梁变形计算通用方法具有算法独立的优点,除必要的载荷、结构与约束信息之外,不需要用户输入任何信息,在使用上十分方便。

1.2.2　程序设计

1. 程序设计的任务和内容

程序设计的主要任务是**根据算法编制相应的计算程序**,编制程序一般比较费时,其工作量常常比提出一个新的算法还要大。按程序的功能,程序设计一般包括三个方面的内容,前处理程序、计算程序和后处理程序,为了方便用户,有的程序也将用户手册与帮助程序列入程序设计内容。在程序设计中,计算程序是程序设计的核心内容,对于输入/输出信息不太多的微型程序,可以不设计前后处理程序;对于输入/输出大量信息的大型程序,为了方便用户保证输入信息正确以及避免大量的数据整理工作,一般应配有专门的前后处理程序。对于工程力学中的各种问题,由于计算程序语句条数较少,一般只有几百条语句,而且输入/输出信息较少,可以只设计计算程序。

计算程序设计通常包括信息输入、信息处理和信息输出三个方面。这三个方面不仅与问题有关,也与算法有关,不同的算法要求输入不同信息,输出信息也不同,当然信息的处理过程也不同。对工程力学问题,信息输入一般应包括结构信息、载荷信息和约束信息。结构信息包括结构的尺寸、形状,材料的特性;载荷信息应包括载荷的种类、数量、大小和作用方向以及载荷作用的位置;约束信息包括约束的种类、数量、约束方向和自行确定的约束信息值。数据处理过程是计算机按照程序设计人的要求加工信息的过程。由于大多数力学问题最终可化为求解线性代数方程组的过程,所以数据处理过程一般包括按照输入信息生成线性代数方程组的系数矩阵,生成右端项和解线性代数方程组求出未知量等方面。输出信息一般包括原始数据(也称为计算条件)和计算结果,有时也包括对结果的一些处理,如插值计算与寻找最大值等。

2. 程序设计的步骤与调试

程序设计步骤主要包括**总体设计**、**局部设计**、**程序编制和调试**。总体设计与局部设计的关键是要根据选择的算法按结构化程序设计确定好程序流程图。在程序结构设计中,子程序的数量、子程序语句的条数和子程序的多层调用关系因题而异,没有固定模式,有些专家曾建议子程序的语句数量最多不超过 60 条,即一页。人们通常认为好的程序结构设计调用关系应该清楚,数据传递应合理简单并且应便于程序的编制与调试。在程序编制前应反复检查计算方法与计算公式使之正确无误,这对于新算法尤为重要,以避免因方法公式有错造成不必要的损失。程序编制完成之后便可进行调试,程序调试的工作量较大,调试方法与个人的经验和习惯有很大关系,没有统一的规律可循。根据多数人调试程序的经验,需要注意两个方面的问题,一是将机上调试和机下检查结合起来往往效率较高;二是先单独调试子程序,调通之后给有关变量赋值使之可以单独运行,经数据检查正确后再与主程序链接。程序调试是实践性很强的工作,只有通过多练才能找到适合自己的调试方法。

第2章

线性代数方程组的求解

线性代数方程组又称为线性方程组。$m \times n$ 线性(代数)方程组包括 m 个方程 n 个未知数,其基本形式如下:

$$\begin{cases} a_{11}x_1 + a_{12}x_2 + \cdots + a_{1n}x_n = b_1 \\ a_{21}x_1 + a_{22}x_2 + \cdots + a_{2n}x_n = b_2 \\ \vdots \\ a_{m1}x_1 + a_{m2}x_2 + \cdots + a_{mn}x_n = b_m \end{cases}$$

矩阵 $\boldsymbol{A} = \begin{bmatrix} a_{11} & a_{12} & \cdots & a_{1n} \\ a_{21} & a_{22} & \cdots & a_{2n} \\ \vdots & \vdots & & \vdots \\ a_{m1} & a_{m2} & \cdots & a_{mn} \end{bmatrix}$ 为方程组的系数矩阵,矩阵 $\boldsymbol{B} =$

$\begin{bmatrix} a_{11} & a_{12} & \cdots & a_{1n} & b_1 \\ a_{21} & a_{22} & \cdots & a_{2n} & b_2 \\ \vdots & \vdots & & \vdots & \vdots \\ a_{m1} & a_{m2} & \cdots & a_{mn} & b_m \end{bmatrix}$ 为方程组的增广矩阵。

列向量 $\boldsymbol{b} = \begin{bmatrix} b_1 \\ b_2 \\ \vdots \\ b_m \end{bmatrix}$ 称为方程组的右端项或常向量,列向量 $\boldsymbol{x} = \begin{bmatrix} x_1 \\ x_2 \\ \vdots \\ x_n \end{bmatrix}$ 称为方程组的未知向量。

线性代数方程组在工程计算中有着广泛的应用。本章将介绍工程应用中常用的线性代数方程组的求解方法,包括高斯消去法、列主元法、追赶法等。

2.1   用高斯法解线性代数方程组

高斯消去法(简称高斯法)的解题步骤分为两步:第一步是消元过程,第二步是回代过程。以下介绍高斯法的一般解法和流程图设计。

2.1.1   高斯法举例

求下列方程组的解:

$$\begin{cases} 4x_1+2x_2+2x_3+2x_4=10 & (1)^0 \\ 2x_1+5x_2+3x_3+3x_4=13 & (2)^0 \\ 2x_1+3x_2+6x_3+4x_4=15 & (3)^0 \\ 2x_1+3x_2+4x_3+7x_4=16 & (4)^0 \end{cases}$$

解 (1) 消元过程

第一轮消元——式$(1)^0$保持不变。利用式$(1)^0$将其余方程中的x_1消去,得出新方程组如下:

$$\begin{bmatrix} 4 & 2 & 2 & 2 & 10 \\ 0 & 4 & 2 & 2 & 8 \\ 0 & 2 & 5 & 3 & 10 \\ 0 & 2 & 3 & 6 & 11 \end{bmatrix} \begin{array}{l} \text{------}(1)^0 \qquad\qquad \text{主行} \\ \text{------}(2)^1=(2)^0-(1)^0\times\dfrac{2}{4} \\ \text{------}(3)^1=(3)^0-(1)^0\times\dfrac{2}{4} \\ \text{------}(4)^1=(4)^0-(1)^0\times\dfrac{2}{4} \end{array} \left.\begin{array}{l} \\ \\ \\ \\ \end{array}\right\}\text{消元各行}$$

在第一轮消元过程中,式$(1)^0$起主要作用。式$(1)^0$称为主行。

第二轮消元——式$(1)^0$、$(2)^1$保持不变。以式$(2)^1$为主行将其余方程中的x_2消去。

系数				右边项	
4	2	2	2	10	$(1)^0$
0	4	2	2	8	$(2)^1=$主行
0	0	4	2	6	$(3)^2$ 消元各行$(3)^2=(3)^1-\dfrac{2}{4}(2)^1$
0	0	2	5	7	$(4)^2$ $(4)^2=(4)^1-\dfrac{2}{4}(2)^1$

第三轮消元——式$(1)^0$、$(2)^1$、$(3)^2$保持不变。以式$(3)^2$为主行将其余方程中的x_3消去。

系数				右边项	
4	2	2	2	10	$(1)^0$
0	4	2	2	8	$(2)^1$
0	0	4	2	6	$(3)^2=$主行
0	0	0	4	4	$(4)^3$ 消元行$(4)^3=(4)^2-\dfrac{2}{4}(3)^2$

经过三轮消元后,系数矩阵变成了上述三角矩阵,消元过程完成了。

(2) 回代过程

由最后一个方程$(4)^3$ $\qquad\qquad\qquad\qquad 4x_4=4$,得 $x_4=1$

经回代入式$(3)^2$ $\qquad\qquad\qquad 4x_3+2\times1=6$,得 $x_3=1$

经回代入式$(2)^1$ $\qquad\qquad 4x_2+2\times1+2\times1=8$,得 $x_2=1$

经回代入式$(1)^0$ $\qquad 4x_2+2\times1+2\times1+2\times1=10$,得 $x_1=1$

这种逐次回代求解的过程称作回代过程。

2.1.2 消元过程的循环公式

现在按照上述思想讨论高斯消去法的一般情形。

设方程组为

$$\begin{bmatrix} a_{11} & a_{12} & \cdots & a_{1n} \\ a_{21} & a_{22} & \cdots & a_{2n} \\ \vdots & \vdots & & \vdots \\ a_{n1} & a_{n2} & \cdots & a_{nn} \end{bmatrix} \begin{bmatrix} x_1 \\ x_2 \\ \vdots \\ x_n \end{bmatrix} = \begin{bmatrix} b_1 \\ b_2 \\ \vdots \\ b_n \end{bmatrix} \qquad (2-1)$$

这个方程组的阶数为 n,共需进行 $n-1$ 轮消元,设第$(k-1)$轮消元后的系数矩阵为

$$\begin{bmatrix} a_{11}^{(0)} & \cdots & \cdots & \cdots & \cdots & a_{1n}^{(0)} \\ & \ddots & \cdots & \cdots & \cdots & \cdots \\ & a_{k-1,k-1}^{(k-2)} & a_{k-1,k}^{(k-2)} & \cdots & a_{k-1,j}^{(k-2)} & \cdots & a_{k-1,n}^{(k-2)} \\ & 0 & a_{k,k}^{(k-1)} & \cdots & a_{k,j}^{(k-1)} & \cdots & a_{k,n}^{(k-1)} \\ & 0 & \cdots & & & & \cdots \\ & 0 & a_{i,k}^{(k-1)} & \cdots & a_{i,j}^{(k-1)} & \cdots & a_{i,n}^{(k-1)} \\ & 0 & a_{n,k}^{(k-1)} & \cdots & a_{n,j}^{(k-1)} & \cdots & a_{n,n}^{(k-1)} \end{bmatrix}$$

$-(k-1)$ 行 = 主行

$-k$ 行

$-i$ 行

消元各行

$$(2\text{-}1a)$$

现在再进行第 k 轮消元,得出新的系数矩阵如下:

$$\begin{bmatrix} a_{1,1}^{(0)} & \cdots & \cdots & \cdots & \cdots & \cdots & \cdots & a_{1,n}^{(0)} \\ & \ddots & \cdots & \cdots & \cdots & \cdots & \cdots & \cdots \\ & & a_{k-1,k-1}^{(k-2)} & a_{k-1,k}^{(k-2)} & \cdots & a_{k-1,j}^{(k-2)} & \cdots & a_{k-1,n}^{(k-2)} \\ & & 0 & a_{k,k}^{(k-1)} & \cdots & a_{k,j}^{(k-1)} & \cdots & a_{k,n}^{(k-1)} \\ & & 0 & \cdots & \cdots & \cdots & \cdots & \cdots \\ & & 0 & 0 & \cdots & a_{i,j}^{(k)} & \cdots & a_{i,n}^{(k)} \\ & & 0 & \cdots & \cdots & \cdots & \cdots & \cdots \\ & & 0 & 0 & \cdots & a_{n,j}^{(k)} & \cdots & a_{n,n}^{(k)} \end{bmatrix} \begin{array}{l} \\ \\ \\ \left.\rule{0pt}{12pt}\right\}—k\ \text{行}=\text{主行} \\ \\ \left.\rule{0pt}{12pt}\right\}—i\ \text{行} \\ \\ \left.\rule{0pt}{12pt}\right\}\text{消元各行} \end{array}$$

$$k\ \text{列} \qquad j\ \text{列} \tag{2-1b}$$

这里进行第 k 轮消元时,以 k 行作为主行,把其余的 $k+1,k+2,\cdots,n$ 各行的未知数 x_k 消去,即将消元各行中的 k 列系数变为零。

以第 i 行 $(i=k+1,k+2,\cdots,n)$ 为例,新的第 i 行是将主行乘 $\left(-\dfrac{a_{ik}^{k-1}}{a_{kk}^{k-1}}\right)$ 后,再加到旧的 i 行上去而得到的,即

$$(\text{新}\ i\ \text{行}) = (\text{旧}\ i\ \text{行}) - \left(\frac{a_{ik}^{k-1}}{a_{kk}^{k-1}}\right) \times (\text{主行})$$

对 i 行的每个系数可得出下列关系:

$$a_{ij}^k = a_{ij}^{k-1} - \left(\frac{a_{ik}^{k-1}}{a_{kk}^{k-1}}\right) \times a_{kj}^{k-1}, \quad i,j=k+1,k+2,\cdots,n \tag{2-2}$$

在式(2-2)中,右边项是前轮的 4 个旧系数(参看式(2-1a)),左边是本轮的新系数(参看式(2-1a))。式(2-2)就是由前轮的系数推算本轮系数的循环公式。

同样对于右边项可得出下列关系:

$$b_i^k = b_i^{k-1} - \frac{a_{ik}^{k-1}}{a_{kk}^{k-1}} \times b_k^{k-1}, \quad i=k+1,k+2,\cdots,n \tag{2-3}$$

这就是由前轮右边项推算本轮右边项的循环公式。

为书写方便,我们省略式(2-2)和式(2-3)右边各项的上标,即得

$$a_{ij}^k = a_{ij} - \left(\frac{a_{ik}}{a_{kk}}\right) \times a_{kj}, \quad i,j=k+1,k+2,\cdots,n$$

$$b_i^k = b_i - \left(\frac{a_{ik}}{a_{kk}^{k-1}}\right) \times b_k, \quad i=k+1,k+2,\cdots,n \tag{2-4}$$

式(2-4)就是消元过程的基本公式。用高斯法求解线性方程组程序框图如图 2.1 所示。

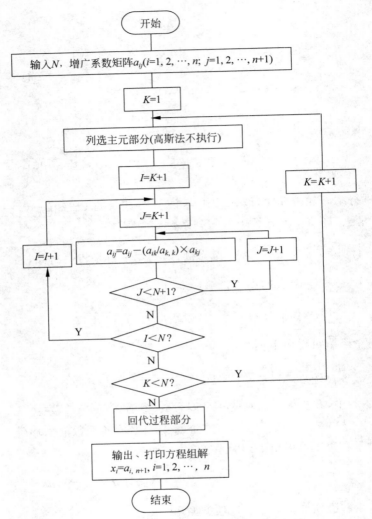

图 2.1　用高斯法求解线性方程组程序框图

经过消元后,系数矩阵变为上三角矩阵,方程组变为

$$\begin{bmatrix} a_{11} & a_{12} & \cdots & a_{1n} \\ 0 & a_{22} & \cdots & a_{2n} \\ \vdots & \vdots & & \vdots \\ 0 & 0 & \cdots & a_{nn} \end{bmatrix} \begin{bmatrix} x_1 \\ x_2 \\ \vdots \\ x_n \end{bmatrix} = \begin{bmatrix} b_1 \\ b_2 \\ \vdots \\ b_n \end{bmatrix} \tag{2-5}$$

按照由下往上的顺序,可依次解出 $x_n, x_{n-1}, \cdots, x_2, x_1$。

由式(2-5)的最后一个方程 $a_{nn}x_n = b_n$，可解得

$$x_n = \frac{b_n}{a_{nn}} \tag{2-6}$$

将解得的 x_n 代回倒数第二式，可解出 x_{n-1}，依次类推，由第 i 式：

$$a_{i,i}x_i + a_{i,i+1}x_{i+1} + \cdots + a_{i,n}x_n = b_i$$

可解得

$$x_i = \frac{b_i - \sum\limits_{j=i+1}^{n} a_{i,j}x_j}{a_{i,i}}, \quad i = n-1, n-2, \cdots, 2, 1 \tag{2-7}$$

式(2-6)和式(2-7)就是回代过程的基本公式。回代过程部分程序框图如图 2.2 所示。

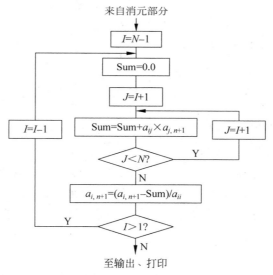

图 2.2　回代过程部分程序框图

2.2　用列主元法解线性代数方程组

再考查高斯消元过程，我们看到其第 k 步要用 a_{kk}^{k-1} 作除法，这要保证它们这些系数完全不能为零。而对 n 阶方阵 $\boldsymbol{A} = (a_{ij})_n$，如果其主对角线元素绝对值大于同行其他元素绝对值之和，即

$$\sum_{j \neq i}^{n} |a_{ij}| < |a_{ii}|, \quad i = 1, 2, \cdots, n \tag{2-8}$$

则称 n 阶方阵 $\boldsymbol{A}=(a_{ij})_n$ 是对角占优的,对应的方程组(2-1)称作对角占优的方程组,此即可保证 a_{kk}^{k-1} 全不为零。

一般线性方程组使用高斯法求解时,即使 a_{kk}^{k-1} 不为零,但其绝对值很小,舍入误差的影响也会严重地损失精度,实际计算时必须预防这类情况发生,比如下面的方程:

$$\begin{bmatrix} 16 & -9 & 1 \\ -2 & 1.127 & 8 \\ 4 & 3 & 1 \end{bmatrix} \begin{bmatrix} x_1 \\ x_2 \\ x_3 \end{bmatrix} = \begin{bmatrix} 38 \\ -12.873 \\ 14 \end{bmatrix} \tag{2-9}$$

采用五位十进制数进行计算。

做完第一步消元后增广矩阵变成

$$\begin{bmatrix} 16 & -9 & 1 & 38 \\ 0 & 0.002 & 8.125 & -8.123 \\ 0 & 5.25 & 0.75 & 4.5 \end{bmatrix} \tag{2-10}$$

做完第二步消元后增广矩阵变成

$$\begin{bmatrix} 16 & -9 & 1 & 38 \\ 0 & 0.002 & 8.125 & -8.123 \\ 0 & 0 & -21327 & 21326 \end{bmatrix}$$

由回代过程,我们得到计算解:$x_3=-0.99995,x_2=0.75000,x_1=2.8593$。

方程组(2-9)的准确解是 $x_3=-1,x_2=1,x_1=3$。

因此,得到的计算解 $x_3=-0.99995$ 的相对误差为 5×10^{-5},但 $x_2=0.75000$ 和 $x_1=2.8593$ 的相对误差较大,它们分别为 0.25 和 0.0469。

为了减小计算过程舍入误差的影响,我们在第二步开始时,交换增广矩阵(2-10)的第 2 行与第 3 行,得到

$$\begin{bmatrix} 16 & -9 & 1 & 38 \\ 0 & 5.25 & 0.75 & 4.5 \\ 0 & 0.002 & 8.125 & -8.123 \end{bmatrix}$$

最后得到的增广矩阵是

$$\begin{bmatrix} 16 & -9 & 1 & 38 \\ 0 & 5.25 & 0.75 & 4.5 \\ 0 & 0 & 8.1247 & -8.1247 \end{bmatrix}$$

且由回代过程得到的计算解为 $x_3=-1,x_2=1,x_1=3$。

应当指出,在最后的增广矩阵中,(3,3)和(3,4)位置的元素都不是准确的,仍然在这些元素中产生舍入误差条件下得出准确的结果。

从上面的例子看到,为了使消元过程不至于中断和减小舍入误差的影响,可以

不按自然顺序进行消元,这就是说,不逐次选取主对角元素作为主元,例如,第 k 步,不一定选取 $a_{k,k}^{(k-1)}$ 作主元,而从 $a_{k,k}^{(k-1)}, a_{k+1,k}^{(k-1)}, \cdots, a_{n,k}^{(k-1)}$ 中选取绝对值最大的元素,即使得

$$|a_{r,k}^{(k-1)}| = \max_{k \leqslant i \leqslant n} |a_{i,k}^{(k-1)}|$$

的元素 $a_{r,k}^{(k-1)}$ 作主元,又称它为(第 k 步的)**列主元**。增广矩阵中主元所在的行称为**主行**,主元所在的列称为**主列**。并且,在进行第 k 步消元之前,交换矩阵的第 k 行与第 r 行,可能有若干个不同的 i 值使 $|a_{r,k}^{(k-1)}|$ 为最大值,则取 r 为这些 i 值中的最小者。经过这样修改过的高斯法,称为**高斯列主元消去法**。列主元求解流程图见图 2.3。

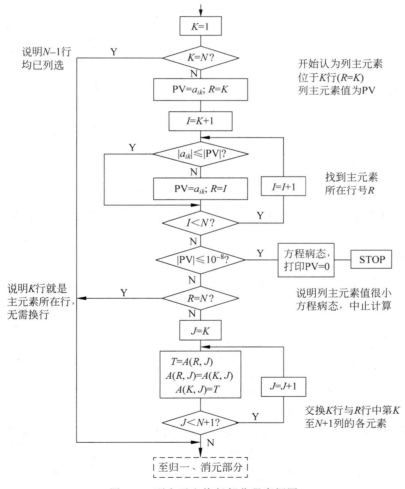

图 2.3　列主元和换行部分程序框图

需要指出的是,有些特殊类型的方程可以保证 $a_{k,k}^{(k-1)}$ 不会很小,从而不需要选主元。

2.3　解三对角形方程组的追赶法

在样条插值及一些特定微分方程数值解等问题中常遇到如下形式方程组:

$$
\begin{cases}
b_1 x_1 + c_1 x_2 & = f_1 \\
a_2 x_1 + b_2 x_2 + c_2 x_3 & = f_2 \\
\qquad\qquad \vdots & \\
a_{n-1} x_{n-2} + b_{n-1} x_{n-1} + c_{n-1} x_n & = f_{n-1} \\
a_n x_{n-1} + b_n x_n & = f_n
\end{cases}
\tag{2-11}
$$

写成矩阵形式为

$$
\begin{bmatrix}
b_1 & c_1 & & & \\
a_2 & b_2 & c_2 & & \\
\ddots & \ddots & \ddots & & \\
& & a_{n-1} & b_{n-1} & c_{n-1} \\
& & & a_n & b_n
\end{bmatrix}
\begin{bmatrix}
x_1 \\ x_2 \\ \vdots \\ x_{n-1} \\ x_n
\end{bmatrix}
=
\begin{bmatrix}
f_1 \\ f_2 \\ \vdots \\ f_{n-1} \\ f_n
\end{bmatrix}
\tag{2-12}
$$

方程组系数矩阵呈三对角形。追赶法是针对方程组这一特点构造的一种求解它的简便有效算法,它是高斯消去法的一种简化情形,同样有消元和回代两个过程。

追赶法的基本思想是:首先把主对角线元素化为 1,对角线以下元素消元为零,使原来的三对角方程组(2-12)变换成二对角方程组:

$$
\begin{bmatrix}
1 & r_1 & & & \\
& 1 & r_2 & & \\
& & \ddots & \ddots & \\
& & & 1 & r_{n-1} \\
& & & & 1
\end{bmatrix}
\begin{bmatrix}
x_1 \\ x_2 \\ \vdots \\ x_{n-1} \\ x_n
\end{bmatrix}
=
\begin{bmatrix}
y_1 \\ y_2 \\ \vdots \\ y_{n-1} \\ y_n
\end{bmatrix}
\tag{2-13}
$$

这一消元过程称为(向前)追赶的过程。

然后再进行回代过程,将所得到的二对角方程组自下而上地逐步回代而得出方程组的解,这一过程称为(往回)赶的过程。

现在我们来分析和推导追赶法的算法公式。

比较式(2-12)、式(2-13)的第一式,有

$$x_1 + r_1 x_2 = y_1 \tag{2-14}$$

式中

$$r_1 = \frac{c_1}{b_1}, \quad y_1 = \frac{f_1}{b_1} \tag{2-15}$$

将式(2-14)代入式(2-12)中第二式,并与式(2-13)比较,有

$$x_2 + r_2 x_3 = y_2$$

式中

$$r_2 = \frac{c_2}{b_2 - a_2 r_1}, \quad y_2 = \frac{f_2 - a_2 y_1}{b_2 - a_2 r_1}$$

类似地,将 x_2 代入式(2-12)第三式,消去 x_2,…,显然,一般地有

$$x_k + r_k x_{k+1} = y_k, \quad x_n = y_n$$

式中

$$r_k = \frac{c_k}{b_k - a_k r_{k-1}}, \quad y_k = \frac{f_k - a_k y_{k-1}}{b_k - a_k r_{k-1}}, \quad k = 1, 2, \cdots, n \tag{2-16}$$

注意: $a_1 = 0$; $c_n = r_n = 0$。

这样,就将求解式(2-11)化为求解更为简单的方程组形式:

$$\begin{cases} x_1 + r_1 x_2 = y_1 \\ x_2 + r_2 x_3 = y_2 \\ \quad\vdots \\ x_{n-1} + r_{n-1} x_n = y_{n-1} \\ x_n = y_n \end{cases} \tag{2-17}$$

将上式自下而上逐步回代,依次可求出方程组的解 $x_n, x_{n-1}, \cdots, x_2, x_1$,计算公式为

$$\begin{cases} x_n = y_n \\ x_k = y_k - r_k x_{k+1}, \quad k = n-1, n-2, \cdots, 1 \end{cases} \tag{2-18}$$

式(2-15)、式(2-16)和式(2-18)是编制程序要用到的算式。由于存放 c_k 和 f_k 的单元使用过后就不再用到它,可用它来存放 r_k 和 y_k 的中间结果;存放 y_k 的单元使用后,用来存放所得的解 x_k。按此压缩储存方法编写的追赶法求解三对角方程组的程序框图如图 2.4 所示。

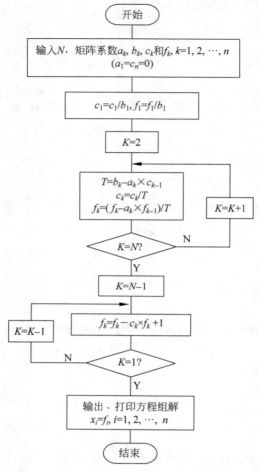

图 2.4　用追赶法求解三对角方程组的程序框图

2.4　常用算法语言的特点与选用

2.4.1　常用算法语言的特点

在科学计算中,常用的高级算法语言包括 BASIC 语言和 FORTRAN 语言。C 语言是介于汇编语言与高级语言中间的一种语言,具有直接调动机器和面对用户的优点,但较少用于复杂的科学计算问题。目前用于科学计算的语言仍以 FORTRAN 语言为主。

BASIC 语言属于解释执行语言,其执行过程是首先将用户编制的源程序逐条解释翻译成机器语言后再执行,因而执行速度较慢。BASIC 语言的优点是编程容易,而在程序的执行过程中,可以显示出错位置,对初学者修改调试程序较为有利。BASIC 语言的另一个优点是其具有较强的绘图功能,对于一些要求不太高的示意图形,可以利用 BASIC 语言直接绘制,此 BASIC 语言的图形质量较差,所以在绘制要求较高的图形时也较少采用 BASIC 语言。

BASIC 语言的另一个缺点是程序运行需要 BASIC 环境,可以在 VB 环境下运行。

由于 BASIC 语言的编辑解释执行程序较小,在计算机发展的初期被广泛用于各种微机及袖珍机。BASIC 语言的主要缺点是其在主程序与子程序中均使用全局变量与数据,进行程序设计时在主程序与子程序之间不得使用意义不同的同名变量。BASIC 语言主要用于程序条数较少的程序设计,因此早期的大型计算机程序一般不采用 BASIC 语言。FORTRAN 语言属于编译语言,其执行过程是首先用编译系统将用户的源程序经两次编译链接后生成执行文件再执行,其执行文件可以直接运行,而且执行速度较快,但在程序修改之后,需要重新执行编译链接过程。FORTRAN 语言的最大优点是其程序属于结构化的模块程序,主程序与子程序相对独立,主子程序之间可以使用意义不同的同名变量和数组,也可以使用意义相同的不同名的变量与数组,所以目前大型计算程序仍采用 FORTRAN 语言。

与 BASIC 语言相比,FORTRAN 语言在程序执行过程中一般不指出出错位置,用户找错误位置较为困难,初学者需要较长时间练习调试程序。由于FORTRAN 语言绘图功能较差,对于绘制简单图形问题 FORTRAN 语言不如BASIC 语言。而 FORTRAN 语言的环境稍大(与 BASIC 语言相比),不仅需要编译、链接程序,还需要 FORTRAN 库文件及编辑程序,因而在计算机发展初期,FORTRAN 语言不能在袖珍机上运行。

由于 FORTRAN 语言可经编译链接后生成执行文件,因此可以被 C 语言编制的菜单直接调用。

QUIKBASIC 语言是在 BASIC 基础上发展起来的一种高级算法语言,兼有BASIC 语言绘图功能强和 FORTRAN 语言结构化程序设计的优点,已被广泛用于科学计算。

QUIKBASIC 语言程序的执行过程主要分为两种,一是在 QUIKBASIC 状态下解释 BASIC 源程序,二是经编译链接后生成可执行文件,在第二种执行方式中,又分为两种执行方式:一是需要 QUIKBASIC 环境的 EXE 文件,二是不需要QUIKBASIC 环境的 EXE 文件,后者比前者的执行文件稍大。

2.4.2 算法语言的选用

工程力学计算机方法中的计算程序一般较小,如不考虑绘图也不考虑与其他执行程序链接,只是用于计算,可采用 BASIC 语言、QUIKBASIC 语言或 FORTRAN 语言中的任何一种语言编制计算程序。如考虑与其他程序链接可选用 QUIKBASIC 语言或 FORTRAN 语言。

为了方便用户,应为计算程序设计前后处理程序,包括画原始结构图和处理数据及绘画等,这时应考虑选用 BASIC 或 QUIKBASIC 语言。

如果要将计算机程序与前后处理程序链接,在图形要求不太高的情况下可以选用 QUIKBASIC 语言。

作者在编制梁变形计算 CAI 软件时采用过两种方法:第一种方法是用 QUIKBASIC 语言编制计算程序与前后处理程序,用 C 语言编制菜单;第二种方法是用 QUIKBASIC 语言编制计算程序,用 C 语言编制菜单与前后处理程序。比较这两种方法,第一种方法与第二种方法计算功能相同,后者比前者图形美观。

平面静定桁架的内力计算

3.1　平面静定桁架的基本理论

　　桁架是由多根杆件在两端用适当方式连接成的一种几何不变结构。杆件彼此连接的地方称为节点,杆件轴线位于同一平面的桁架叫平面桁架,满足有关假设的叫理想桁架,第 3 章讨论的均为理想桁架。由于桁架结构具有重量轻、节省材料等优点,在许多工程领域中得到了广泛应用。

　　桁架分为简单桁架和复杂桁架。简单桁架是以三角形杆架为基础,通过增加两根杆和一个节点的方式组成,不按上述方式组成的桁架叫作复杂桁架。图 3.1 绘出了三种平面桁架,其中图(a)为简单桁架,图(b)、(c)为复杂桁架。

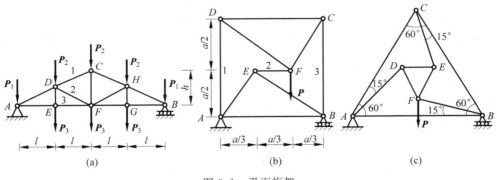

图 3.1　平面桁架

　　平面桁架的内力计算可采用节点法或截面法。节点法选取节点为研究对象,根据汇交力系的平衡方程求出未知的杆内力,一般要求每个节点上的未知杆内力不超过两个。截面法选取部分桁架为研究对象(节点数大于 3),根据平面一般力系的平衡方程求出未知的杆内力,但是每个研究对象上的未知杆内力不超过三个。

当一个研究对象上未知力个数等于三个时,这三个未知力的作用线不得交于一点。

采用节点法或截面法求桁架内力,一般要先求出支座反力,再求出各根杆的内力。对于平面静定桁架,约束反力个数多为三个。假设桁架节点个数为 n 个,杆数为 m 根,节点数与杆数的关系由下式表示:

$$2n = m + 3 \tag{3-1}$$

式(3-1)反映了平面桁架可列方程个数与未知数之间的关系,满足该式的是静定桁架,不满足的是静不定桁架。在刚体力学中,只能解满足式(3-1)的静定桁架。图 3.1 所示的三个桁架满足式(3-1),是静定桁架。对于杆数和节点数较少的简单桁架,可综合使用节点法和截面法求解,并利用坐标轴和矩心的合理选取简化计算过程。节点法一般用于要求出全部杆内力的桁架,截面法适于求少数杆件内力的桁架。

对于杆数和节点数较多的大型桁架,由于计算量较大,无论采用截面法或节点法,计算内力都较为困难。对于一些常规结构,杆件内力可通过查表求得。

对于复杂桁架,一般采用截面法求杆件内力,通过截取适当的研究对象可求出未知的杆件内力。由于桁架结构各不相同,截取方法因题而异,无一定规律可循,具有一定的技巧性。对于图 3.1(b),若求 1、2、3 杆内力,可选取 DCF 三角架为研究对象,由平面一般力系的三个平衡方程求出待求的三杆内力。本题若取 ABE 三角架为研究对象,应先求出 AB 处的支座反力。对于图 3.1(c),采用截面法求解,图中只能取 DEF 为研究对象,因为几何关系较为复杂,力矩方程较难列出,本题已不宜用截面法求解。

例 3.1　用节点法和截面法求图 3.1(a)1、2、3 杆的内力。

设 $P_1 = 2.2\text{kN}, P_2 = 4\text{kN}, P_3 = 0.4\text{kN}, l = 2\text{m}, h = 2\text{m}$。

解　(1)求支座反力。取桁架整体为研究对象,受力分析及坐标选取如图 3.2 所示。

由平衡方程

$$\sum \boldsymbol{x} = 0, \quad X_A = 0$$

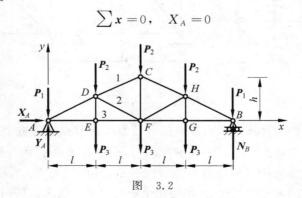

图　3.2

$$\sum y = 0, \quad Y_A + N_B - 2P_1 - 3P_2 - 3P_3 = 0$$

$$\sum m_A = 0, \quad 4N_B - 4P_1 - 6P_2 - 6P_3 = 0$$

得 $X_A = 0$，$Y_A = N_B = 8.8\text{kN}$。

（2）节点法。依次取节点 A、E、D 为研究对象，受力图见图 3.3。

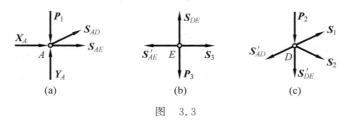

图　3.3

由平衡方程 $\sum x = 0$，$\sum y = 0$，求得 $S_1 = -9.84\text{kN}$，$S_2 = -9.84\text{kN}$，$S_3 = 19.2\text{kN}$（过程略）。

（3）截面法。取 AED 为研究对象，受力图见图 3.4。

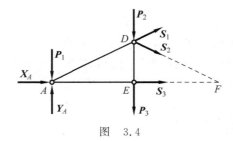

图　3.4

由 $\sum M_D = 0$，$\sum M_F = 0$，$\sum y = 0$，求得 1、2、3 杆内力，结果同节点法。

3.2　循环节点法

在工程实践中常会遇到杆数和节点数较多的桁架结构，即使是简单桁架，手算也很困难，虽然有一些标准桁架内力计算图表，实际计算仍有一定难度，且容易出错。由于节点法和截面法在解法上各不相同，格式不统一，较难编制统一的计算程序。此外，对于复杂桁架，按节点法求杆内力，节点未知力不得多于两个的条件较难满足；按截面法求内力，选择研究对象的技巧性也很难通过编程实施。为了将求桁架内力的过程计算机化，需要一种适于电算的算法，这就是循环节点法。

循环节点法的基本思想就是将桁架的全部节点看作一个节点系。节点系是一种特殊的物系。在节点系中,构成物系的物体不是杆件而是不计尺寸的节点。依照用式(3-1)表示的节点个数与杆数的关系式,按平面物系平衡问题的解法,依某一规律循环列出全部物体即节点的平衡方程,其中每个节点都是一个汇交力系。只要原桁架是静定结构,满足式(3-1)就可以得到包括约束反力和杆内力的唯一解答。

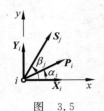

图　3.5

以下导出节点系平衡方程。

自某一桁架取一节点 i,设其上作用有主动外力 P_i($i=1$, $2,\cdots,n$),约束反力 X_i,Y_i,杆内力 S_j($j=1,2,\cdots,m$),见图 3.5。根据节点平衡方程 $\sum x=0$,$\sum y=0$ 得

$$\sum S_j\cos\beta_j + X_i + \sum P_i\cos\alpha_i = 0 \tag{3-2}$$

$$\sum S_j\sin\beta_j + Y_i + \sum P_i\sin\alpha_i = 0 \tag{3-3}$$

按上述方法将全部节点的平衡方程列出,写成矩阵形式得到节点系的平衡方程:

$$\boldsymbol{AX}=\boldsymbol{P} \tag{3-4}$$

其中 $\boldsymbol{A}$ 是 $2n\times 2n$ 的系数矩阵,$\boldsymbol{X}$ 是 $2n\times 1$ 的未知杆内力及未知约束反力列阵,$\boldsymbol{P}$ 是 $2n\times 1$ 的已知载荷列阵,简称载荷列阵。解式(3-4),就能得到全部未知力。因为在导出式(3-4)时未涉及桁架的构成方式,所以式(3-4)可用于解简单桁架和复杂桁架。式(3-4)虽然是就平面桁架导出的,将其改造为适于求解空间桁架杆件内力的平衡方程并无原则上的困难。

3.3　电算方案

由前述,循环节点法格式统一,适于编程电算,本节基于循环节点法讨论电算方案中的几个问题。

3.3.1　系数矩阵的特点与方程组的解法

桁架内力及约束反力计算最终归结为求解一个 $2n$ 阶线性代数方程组。就数值计算而言,线性代数方程组有多种解法,在应用中应根据问题的特点选用适当的方法。

不失一般性,设一桁架结构及载荷如图 3.6 所示。将该结构节点桁杆编号,分别取 1,2,3 节点为研究对象,受力图见图 3.7。

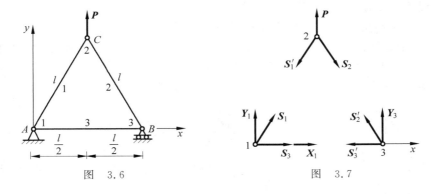

图　3.6　　　　　　　　　　　　图　3.7

由式(3-4)并按节点(行)、杆、约束反力(列)顺序排列,可得矩阵方程如下:

未知力 J ——→

$$
\begin{array}{c}
\text{节点} \downarrow I \\
\end{array}
\begin{array}{c}
1 \\ \\ \\ 2 \\ \\ \\ 3
\end{array}
\begin{array}{cccccc}
1 & 2 & m & m+1 & m+2 & m+3 \\
\cos60^\circ & 0 & \cos0^\circ & 1 & 0 & 0 \\
\sin60^\circ & 0 & \sin0^\circ & 0 & 1 & 0 \\
-\cos60^\circ & \cos60^\circ & 0 & 0 & 0 & 0 \\
-\sin60^\circ & -\sin60^\circ & 0 & 0 & 0 & 0 \\
0 & -\cos60^\circ & -\cos60^\circ & 0 & 0 & 0 \\
0 & \sin60^\circ & -\sin0^\circ & 0 & 0 & 1
\end{array}
\begin{vmatrix}
S_1 \\ S_2 \\ S_3 \\ X_1 \\ Y_1 \\ Y_3
\end{vmatrix}
=
\begin{vmatrix}
0 \\ 0 \\ 0 \\ -P \\ 0 \\ 0
\end{vmatrix}
$$

$$2n \times 2n \qquad\qquad 2n \times 1 \quad 2n \times 1$$

由上面方程可知系数矩阵有如下特点:

(1) 系数矩阵是一非对称的稀疏矩阵,矩阵元素(非零元素)是角度的函数。

(2) 同一杆件不同节点对应的元素符号相反。

(3) 系数矩阵的主对角线含有零元素。

根据系数矩阵的特点 3,在解线性代数方程组时,不能使用高斯法,而应采用列主元法。高斯法及列主元法的算法及程序设计见第 2 章。此外,在程序设计中还应利用特点(1)(2),降低内存的存储量和减少计算量。

3.3.2　节点号码与桁杆的编号原则

在桁架的求解方程中系数矩阵是一稀疏矩阵,其稀疏程度不仅与桁架的结构形式有关,也与节点和桁杆的号码编排有关。一般来说,桁架结构的节点号码及杆号码可任意编排。为了节约内存,减少计算量,在编排节点号码及桁杆号码时,应使系数矩阵的非零元素尽量分布在主对角线附近,这对于大型结构尤为重要。对于节点和杆数较少的桁架,系数矩阵可采用二维存储,节点号码、杆号的编排要有规则,便于查找为好。对于节点和杆数较多的桁架,系数矩阵一般采用变带宽一维压缩存储,这就要求对桁架节点、桁杆进行编号时遵循一定的原则。

由于桁架结构的结构形式较多,本书不能一一列举,这里仅就较为常见的结构,说明号码编排的一般原则。常见的桁架结构有对称结构、内外结构和悬臂结构,如图3.8所示。

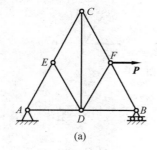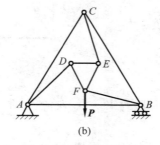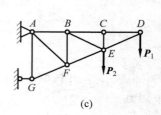

(a)   (b)   (c)

图 3.8　常见的桁架结构

在桁架结构的号码编排中,应先对节点进行编号,再对桁杆进行编号。

节点编号原则:

(1) 对称结构,由结构中间位置开始编号。

(2) 内外结构,由内到外编号。

(3) 悬臂结构,由自由端开始编号。

(4) 节点编号使受约束节点具有较大号码。

(5) 在对节点编号时应尽量使同一桁杆的两个节点号码差小为好。

(6) 节点编号依逆时针或顺时针转向编排(本书采用逆时针转向)。

桁杆编号原则:

(1) 桁号编号,按节点号码顺序由小到大依次编排。

(2) 杆号按各杆两端节点号码之和大小的顺序编排。节点号码之和大小不相同的两根杆,和小的优先编号;和相同时,由第1条,含有节点号码小的杆优先编号。

按上述的编号原则,可使系数矩阵的存储量和消元的计算量较小。

例 3.2　已知桁架结构如图3.6所示,按编号原则对其重新编号,并讨论系数矩阵需存储的元素个数。

解　本结构属于对称结构,按节点编号原则1,4,6,可将该结构重新编号如图3.9所示。按桁杆编号原则,编号结果如图3.9所示。

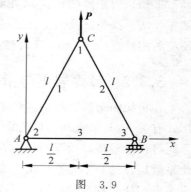

图　3.9

按原编号系数阵需存储的元素个数如下(图 3.6)。

节点 1：$2\times[(5-1)+1]=10$

节点 2：$2\times[(4-1)+1]=8$

节点 3：$2\times[(6-2)+1]=10$

其中小括号中的 5、4、6 为相应节点需要存储元素的最大列号,被减去的 1 和 2 为首列非零元素的列号。需要存储元素最大列号的计算方法为,其数值等于该节点最大杆号数值与约束序号的和,或为该节点主元素的最大列号,首列非零元素的列号等于该节点的最小杆号。1 节点的最大杆号数值为 3,节点约束为 2 个,约束反力的个数为 2 个,最大列号为 $3+2=5$,该节点最小的杆号数值为 1,最小列号为 1,所以需要存储的元素个数为 $2\times[(5-1)+1]=10$；2 节点最大杆号数值为 2,2 节点主元素的最大值为 4,该节点最小的杆号数值为 1,最小列号为 1,所以需要存储的元素个数为 $2\times[(4-1)+1]=8$；3 节点最大杆号数值为 3,节点约束为 1 个,约束反力的个数为 1 个,序号等于 3,所以 $3+3=6$,该节点最小的杆号数值为 2,最小列号为 2,所以需要存储的元素个数为 $2\times[(6-2)+1]=10$,系数阵总存储元素的个数为 28 个。

按新编号,系数阵需存储元素个数计算方法如下。

节点 1：$2\times[(2-1)+1]=4$

节点 2：$2\times[(5-1)+1]=10$

节点 3：$2\times[(6-2)+1]=10$

系数阵总存储元素的个数为 24 个。

由此可见,按图 3.9 的编号,系数阵需存储元素个数较图 3.6 编号的要少。

例 3.3　设桁架结构如图 3.8(a)所示,按节点、桁杆编号原则对结构进行编号,讨论系数矩阵需要存储元素的个数。

解　该结构为对称结构,C,D 点是结构对称轴上的点,按节点编号规则 1,可选 C,D 点为节点编号的首点。选 D 为首点的节点编号及桁杆编号见图 3.10(a),选 C 为首点的节点编号及桁杆编号见图 3.10(b),图 3.10(a)、(b)的系数矩阵需要存储的元素个数分别为 82 和 64,计算过程如下：

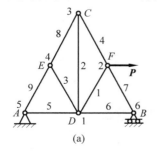
(a)

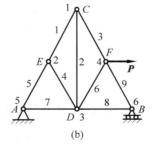
(b)

图　3.10

对于图 3.10(a)：

节点 1：$2\times[(6-1)+1]=12$

节点 2：$2\times[(7-1)+1]=14$

节点 3：$2\times[(8-2)+1]=14$

节点 4：$2\times[(9-3)+1]=14$

节点 5：$2\times[(11-5)+1]=14$

节点 6：$2\times[(12-6)+1]=14$

系数阵总存储元素的个数为 82 个。

对于图 3.10(b)：

节点 1：$2\times[(3-1)+1]=6$

节点 2：$2\times[(5-1)+1]=10$

节点 3：$2\times[(8-4)+1]=10$

节点 4：$2\times[(9-3)+1]=14$

节点 5：$2\times[(11-5)+1]=14$

节点 6：$2\times[(12-8)+1]=10$

系数阵总存储元素的个数为 64 个。

比较两种编号结果,图 3.10(b)的系数阵元素个数低于图 3.10(a),原因在于图 3.10(b)同一杆端两节点号差值较小,最大值为 3,而图 3.10(a)节点号最大差值为 5。

3.3.3　桁架结构线性代数方程组的建立

求解桁架的内力,可先列出结构的总体平衡方程,求出约束反力,再列出节点平衡方程求出未知的杆内力。在做法上相当于把约束反力当作作用在节点上的主动力,并在节点平衡方程组中的系数矩阵中划去对应的行与列。这种做法的优点是可降低代数方程组的阶数,但由于其格式不统一,编制程序困难,一般不宜采用。本书采用列出全部节点平衡方程建立代数方程组的方法,尽管其方程组的阶数稍大,但由于其格式统一,编制程序相对容易。

3.4　程序设计

3.4.1　程序设计内容和主程序结构设计

在桁架内力计算中,程序设计内容包括读入输出桁架的几何结构、载荷和约束等信息;生成系数矩阵;生成载荷列阵;解线性代数方程组;输出计算结果等。按结构化程序设计要求,程序的各个功能应设计成不同的子程序,使每一个小程序执行一个功能。考虑到桁架的几何结构有的按节点坐标给出,而在生成系数矩阵时要用到杆的角度,本书将杆的角度计算也设计为一个子程序,当桁架的几何结构以角度给出时,可跳过该子程序,直接进入生成系数矩阵的子程序。主程序框图见图3.11。

3.4.2　读入信息子程序(INPUT)

在读入/输出信息子程序中,需要读入桁架结构、载荷及约束信息。程序中有关变量、数组名见表3.1,表3.1中把计算内力用到的有关数组也列入其中。为便于初学者学习,系数矩阵采用二维满阵存储。INPUT 程序清单见 3.4.6 节。

图 3.11　主程序框图

表 3.1　数组/变量名表

结 构 信 息		载 荷 信 息	
名　　称	变量/数组	名　　称	变量/数组
杆数	M	有外载节点个数	NG
节点数	N	受外载节点号码	NGP(NG)
杆节点号码	MP(2×M)	节点外载信息	GP(2×NG)
节点坐标	PXY(2×N)		
约 束 信 息		结构计算用数组	
名　　称	变量/数组	名　　称	变量/数组
有约束节点	NC		
约束节点号	NCP(NC)	杆角度	MALF(2×M)
约束信息	INC(2×NC)	系数矩阵	A(2×N,2×N)
	0—无约束	载荷列阵	SR(2×N)
	1—有约束		

例 3.4　数据填写举例。已知桁架结构如图 3.6 所示,编写该结构的数据文件。

解　按结构、载荷及约束信息可编写数据文件如下(按变量、数组顺序):

M,N,NC,NG,3,3,2,1

MP(I)(I=1,2,…,6),1,2,2,3,1,3(杆节点号码,小号在先大号在后)

PXY(I)(I=1,2,…,6),0,0,0.5,0.866,1,0

NGP(I) (I=1),2
GP(I) (I=1,2),0,1
NCP(I) (I=1,2),1,3
INC(I) (I=1,2,4),1,1,0,1

3.4.3　杆件角度计算子程序（ANGL）

当桁架结构以节点坐标给出时,生成系数矩阵之前要先算出杆的角度。

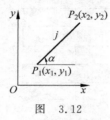

图　3.12

设某一根杆的杆号为 j,两个节点号码为 P_1、P_2,节点坐标分别为 (x_1,y_1)、(x_2,y_2),如图 3.12 所示。

$$\alpha = \arctan[(y_2 - y_1)/(x_2 - x_1)] \tag{3-5}$$

利用式(3-5)可算出任一根杆的角度,考虑到 $x_2-x_1=0$、$x_2-x_1>0$、$x_2-x_1<0$ 几种情况,杆件角度计算框图见图 3.13,程序清单见 SUBROUTINE ANGL。

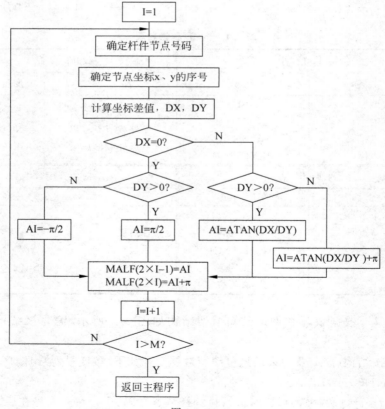

图　3.13

3.4.4 系数矩阵生成子程序（FAMTR）

系数矩阵 A 可分为两个子块，其中一个子块与杆件有关（$2N \times M$），一个子块与节点约束有关（$2N \times 3$）。

与杆内力有关的系数，其所在行号取决于节点号，列号则取决于杆号。由于每个节点可列两个方程，当某个节点号码为 K 时，其第一个元素的行号为 $2K-1$，第二个行号是 $2K$，这两个元素的列号就是杆号。

与约束反力有关的系数，其行号取决于节点号，列号取决于约束信息。由于每个节点最多有两个约束信息，号码为 L 的约束节点第一个元素的行号为 $2L-1$，第二个元素的行号为 $2L$，列号的首列号码为 $M+1$，末列号码为 $M+3$。系数矩阵框图见图 3.14(a)，程序清单见 SUBROUTINE MATA。

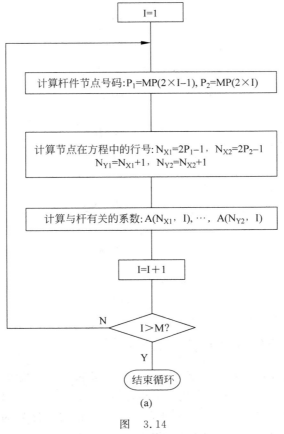

(a)

图　3.14

(a) 计算与杆件相关的系数；(b) 计算与约束相关的系数
注：图 3.14(a)、图 3.14(b)是系数矩阵计算的两个部分。

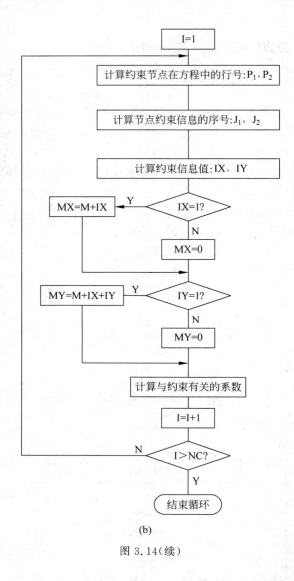

(b)

图 3.14(续)

3.4.5 载荷列阵子程序(LOAD)

在载荷列阵中,载荷数值在载荷列阵中的位置取决于受载节点号码,第一个行号为 $2 \times NGP(I) - 1$,第二个行号为 $2 \times NGP(I)$。载荷数值在 $GP(2 \times NG)$ 中的存放位置与节点的序号有关,第一个序号为 $2 \times I - 1$,第二个序号为 $2 \times I$。载荷列阵框图见图 3.15,程序清单见 SUBROUTINE LOAD。

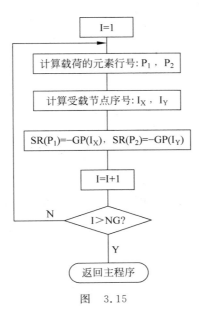

图 3.15

3.4.6 平面桁架计算程序

```
$ DEBUG
C       THE PROGRAM FOR CALCULATING THE FORCE OF THE TRUSS
        DIMENSION MP(100),PXY(200),NCP(100),INC(200),NGP(100),GP
       $ (200),AMLF(200),A(200,200),SR(200)
        OPEN(5,FILE = 'COND1.DAT',STATUS = 'OLD')
        OPEN(6,FILE = 'RESU1.DAT',STATUS = 'NEW')
        CALL IPUT(M,N,NC,NG,MP,PXY,NCP,INC,NGP,GP)
        CALL ANGL(PXY,AMLF,M,MP)
C       WRITE( * , * )'ANGL IS FINISHED'
        CALL MATA(M,AMLF,A,NC,NCP,INC,MP)
C       WRITE( * , * )'MATA IS FINISHED'
        CALL LOAD(NG,NGP,GP,SR)
C       WRITE( * , * )'LOAD IS FINISHED'
        CALL SLAE(N,A,SR)
C       WRITE( * , * )'SLAE IS FINISHED'
        CALL OUTS(M,NC,NCP,INC,SR)
C       WRITE( * , * )'OUTS IS FINISHED'
        CLOSE(5)
        CLOSE(6)
        STOP
        END
C       CALL IPUT(M,N,NC,NG,MP,PXY,NCP,INC,NGP,GP)
        SUBROUTINE IPUT(M,N,NC,NG,MP,PXY,NCP,INC,NGP,GP)
```

```
      DIMENSION MP(100),PXY(200),NCP(100),INC(200),NGP(100),GP(200)
      WRITE(6, * )'THE CONDITION OF THE STRUCTURE'
      READ(5, * )M,N,NC,NG
      WRITE(6, * )'M,N,NC,NG'
      WRITE(6, * )M,N,NC,NG
      READ(5, * )(MP(I),I = 1,2 * M)
      WRITE(6, * )'THE NODE NUMBER OF THE RODS'
      WRITE(6, * )(MP(I),I = 1,2 * M)
      READ(5, * )(PXY(I),I = 1,2 * N)
      WRITE(6, * )'THE COORDINATES OF THE NODES'
      WRITE(6, * )(PXY(I),I = 1,2 * N)
      READ(5, * )(NGP(I),I = 1,NG)
      WRITE(6, * )'THE NUMBER OF RODS WITH EXTERIOR FORCES'
      WRITE(6, * )(NGP(I),I = 1,NG)
      READ(5, * )(GP(I),I = 1,2 * NG)
      WRITE(6, * )'THE FORCES ACTING AT THE NODES'
      WRITE(6, * )(GP(I),I = 1,2 * NG)
      READ(5, * )(NCP(I),I = 1,NC)
      WRITE(6, * )'THE NUMBER OF NODE WITH CONSTRICTIION'
      WRITE(6, * )(NCP(I),I = 1,NC)
      READ(5, * )(INC(I),I = 1,2 * NC)
      WRITE(6, * )'THE INFORMATION OF THE CONSTRICTION'
      WRITE(6, * )(INC(I),I = 1,2 * NC)
      RETURN
      END
C $ DEBUG
      SUBROUTINE SLAE(N,A,SR)
C     SOLVE LINEAR ALGEBRA EQUATIONS
      DIMENSION A(200,200),SR(200)
C     OPEN(5,FILE = 'DAT1.DAT',STATUS = 'OLD')
C     OPEN(6,FILE = 'DAT2.DAT',STATUS = 'NEW')
C     READ(5, * )N
C     WRITE(6, * )N
C     READ(5, * )((A(I,J),J = 1,2 * N),I = 1,2 * N)
C     WRITE(6, * )((A(I,J),J = 1,2 * N),I = 1,2 * N)
C     READ(5, * )(SR(I),I = 1,2 * N)
C     WRITE(6, * )(SR(I),I = 1,2 * N)
      DO 10 K1 = 1,2 * N - 1
      CALL FMVC(A,N,K1,I1)
      DO 20 J = K1,2 * N
      A(0,J) = A(K1,J)
      A(K1,J) = A(I1,J)
      A(I1,J) = A(0,J)
20    CONTINUE
      SR0 = SR(K1)
      SR(K1) = SR(I1)
      SR(I1) = SR0
```

```
      CALL ELIM(N,A,SR,K1)
  10      CONTINUE
C    WRITE(6,100)((A(I,J),J=1,2*N),I=1,2*N)
 100     FORMAT(2X,6F12.5)
      CALL BAUP(N,A,SR)
C    CLOSE(5)
C    CLOSE(6)
      RETURN
C    STOP
      END


      SUBROUTINE FMVC(A,N,K1,I1)
C    FINDING MAX.VALUE OF COLUMN
      DIMENSION A(200,200)
      J1=K1
      DO 10 I=K1,2*N
      IF(I.GT.K1) GOTO 20
      A1=A(I,J1)
      I1=I
  20 IF ((ABS(A1)-ABS(A(I,J1))).GE.0.) GOTO 10
      A1=A(I,J1)
      I1=I
  10 CONTINUE
      RETURN
      END


      SUBROUTINE ELIM (N,A,SR,K1)
C    FOR ELIMINATING
      DIMENSION A(200,200),SR(200)
      DO 10 I=K1+1,2*N
      A(I,K1)=A(I,K1)/A(K1,K1)
  10 CONTINUE
      DO 20 I=K1+1,2*N
      DO 30 J=K1+1,2*N
      A(I,J)=A(I,J)-A(I,K1)*A(K1,J)
  30 CONTINUE
      SR(I)=SR(I)-A(I,K1)*SR(K1)
  20 CONTINUE
C    WRITE(6,100)((A(I,J),J=1,2*N),I=1,2*N)
C100  FORMAT(2X,6F12.5)
      RETURN
      END


      SUBROUTINE BAUP(N,A,SR)
C    FOR BACKUP
      DIMENSION A(200,200),SR(200)
C    WRITE(6,*)'A(I,J)'
```

```
C     WRITE(6, * )((A(I,J),J = 1,2 * N),I = 1,2 * N)
      DO 10 II = 1,2 * N
      L1 = 2 * N - (II - 1)
      C = 0
      DO 20 JJ = L1 + 1,2 * N
      IF(JJ.GT.2 * N) GOTO 100
      C = C + A(L1,JJ) * SR(JJ)
 20 CONTINUE
 100   SR(L1) = (SR(L1) - C)/A(L1,L1)
  10   CONTINUE
      DO 30 LL = 1,2 * N
C   WRITE(6, * )'SR(I)'
C   WRITE(6, * )SR(LL)
 30 CONTINUE
      RETURN
      END


C     CALL ANGL(PXY,AMLF,M,MP)
      SUBROUTINE ANGL(PXY,AMLF,M,MP)
C     CALCULATING   ROD'S ANGLE
      DIMENSION   PXY(200),AMLF(200),MP(100)
      DO 10 I = 1,M
       IP1 = MP(2 * I - 1)
       IP2 = MP(2 * I)
       JX1 = 2 * IP1 - 1
       JY1 = JX1 + 1
       JX2 = 2 * IP2 - 1
       JY2 = JX2 + 1
       DX = PXY(JX2) - PXY(JX1)
       DY = PXY(JY2) - PXY(JY1)
       IF(ABS(DX).LT.1.E - 5)THEN
        IF(DY.GT.0.)THEN
        A1 = 3.1415926/2.
        ELSE
        A1 = - 3.1415926/2.
        END IF
       ELSE IF(DX.GT.0.)THEN
        A1 = ATAN(DY/DX)
        ELSE
        A1 = ATAN(DY/DX) + 3.1415926
        END IF
      AMLF(2 * I - 1) = A1
      AMLF(2 * I) = A1 + 3.1415926
 10 CONTINUE
C  WRITE(6, * )'AMLF'
C  WRITE(6,100)(AMLF(I),I = 1,2 * M)
 100   FORMAT(2X,4F12.6)
```

```
      RETURN
      END


C     DIMENSION MP(100),PXY(200),NCP(100),INC(200),NGP(100),GP
C     $ (200),AMLF(200),A(200,200),SR(200)
C     CALL MATA(M,AMLF,A,NC,NCP,INC,MP)
      SUBROUTINE MATA(M,AMLF,A,NC,NCP,INC,MP)
C     FORMING THE COEFFICIENT MATRAIX A
      DIMENSION AMLF(200),A(200,200),NCP(100),INC(200),MP(100)
CC    TO FORM THE PART MATARIX RELATED WITH RODS
      DO 20 I = 1,M
      IP1 = MP(2 * I - 1)
      IP2 = MP(2 * I)
      NX1 = 2 * IP1 - 1
      NY1 = NX1 + 1
      NX2 = 2 * IP2 - 1
      NY2 = NX2 + 1
C     WRITE(6, * )'AMLF(I)'
C     WRITE(6, * )AMLF(2 * I - 1)
C     WRITE(6, * )AMLF(2 * I)
C     A1 = 180. * AMLF(2 * I - 1)/3.1415926
C     A2 = 180. * AMLF(2 * I)/3.1415926
      A1 = AMLF(2 * I - 1)
      A2 = AMLF(2 * I)
C     WRITE(6, * )'A1,A2'
C     WRITE(6, * )A1,A2
      A(NX1,I) = COS(A1)
      A(NY1,I) = SIN(A1)
      A(NX2,I) = COS(A2)
      A(NY2,I) = SIN(A2)
C     WRITE(6, * )'COS(3.1415926)'
C     WRITE(6, * )COS(3.14)
  20  CONTINUE
CC    TO FORM THE PART MATRIX RELATED WHIT CONSTRICTION
      IXY = 0
      DO 30 I = 1,NC
      JP1 = 2 * NCP(I) - 1
      JP2 = 2 * NCP(I)
      J1 = 2 * I - 1
      J2 = 2 * I
      MX = 0
      MY = 0
      IX = INC(J1)
      IY = INC(J2)
      IF(IX.EQ.1)THEN
      MX = MX + IXY + IX
      END IF
```

```
            IF(IY.EQ.1)THEN
               MY = MY + IXY + IX + IY
            END IF
            IF(MX.NE.0) THEN
            A(JP1,MX + M) = IX
            END IF
            IF(MY.NE.0) THEN
            A(JP2,MY + M) = IY
            END IF
            IXY = IXY + IX + IY
  30    CONTINUE
C    WRITE(6, * )'A(I,J)'
C    WRITE(6,100)((A(I,J),J = 1,M + IXY),I = 1,M + IXY)
 100    FORMAT(6F12.5)
        RETURN
        END
        SUBROUTINE LOAD(NG,NGP,GP,SR)
C    TO FORM RIGHT HAND LOAD MATRIX
        DIMENSION NGP(100),GP(200),SR(200)
        DO 40 I = 1,NG
         IP1 = 2 * NGP(I) − 1
         IP2 = 2 * NGP(I)
         IX = 2 * I − 1
         IY = 2 * I
         SR(IP1) = − GP(IX)
         SR(IP2) = − GP(IY)
C    WRITE(6, * )'SR(I) IN LOAD'
C    WRITE(6,100) (SR(I),I = 1,2 * 3)
 100    FORMAT(2X,6F12.5)
  40 CONTINUE
        RETURN
        END
C    CALL OUTS(M,NC,NCP,INC,SR)
        SUBROUTINE OUTS(M,NC,NCP,INC,SR)
        DIMENSION SR(200),NCP(100),INC(200)
        WRITE(6, * )'THE FORCE VALUE OF THE RODS'
        DO 10 I = 1,M
        WRITE(6,200)I,SR(I)
  10 CONTINUE
 200    FORMAT(5X,'THE NUMBER OF ROD',3X,'S','(',I2,') = ',F12.6)
        WRITE(6, * )'REACTION FORCES'
        N1 = M + 1
        DO 20 I = 1,NC
        IC = NCP(I)
        ICX = INC(2 * I − 1)
        ICY = INC(2 * I)
        IF(ICX.EQ.0) GOTO 100
```

```
      WRITE(6,300) IC,SR(N1)

300   FORMAT(5X,'THE NUMBER OF NODE',I4,5X,'RX = ',F12.6)
      N1 = N1 + 1
100   IF(ICY.EQ.0) GOTO 20
      WRITE(6,400)IC,SR(N1)
400   FORMAT(5X,'THE NUMBER OF NODE',I4,5X,'RY = ',F12.6)
      N1 = N1 + 1
20    CONTINUE
      RETURN
      END
```

例 3.5　已知平面简单桁架载荷与结构如图 3.16 所示，计算各杆内力及支座反力。

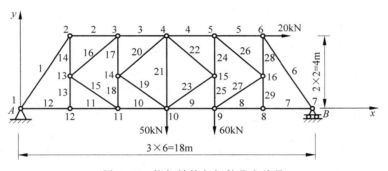

图 3.16　桁架结构与杆件节点编号

解　（1）桁架结构与杆件节点编号如图 3.16 所示。

（2）数据见表 3.2。

表 3.2　例 3.5 的数据文件

序号	变量/数组	数据文件 EXPC35.DAT
1	M,N,NC,NG	29,16,2,3
2	MP(2×M)	1,2,2,3,3,4,4,5,5,6,6,7,7,8,8,9,9,10,10,11,11,12, 1,12,12,13,2,13,11,13,3,13,3,14,11,14,10,14,4,14, 4,10,4,15,10,15,5,15,9,15,5,16,9,16,6,16,8,16
3	Pxy(2×N)	0,0,3,4,6,4,9,4,12,4,15,4,18,0,15,0,12,0,9,0,6,0,3,0, 3,2,6,2,12,2,15,2
4	NGP(NG)	6,9,10
5	GP(2×NG)	20,0,0,-60,0,-50
6	NCP(NC)	1,7
7	INC(2×NC)	1,1,0,1

计算结果文件如下：

```
THE CONDITION OF THE STRUCTURE
M,N,NC,NG
        29            16            2            3
THE NODE NUMBER OF THE RODS
         1             2            2            3            3            4
         4             5            5            6            6            7
         7             8            8            9            9           10
        10            11           11           12            1           12
        12            13            2           13           11           13
         3            13            3           14           11           14
        10            14            4           14            4           10
         4            15           10           15            5           15
         9            15            5           16            9           16
         6            16            8           16
THE COORDINATES OF THE NODES
   0.000000E + 00      0.000000E + 00         3.000000         4.000000
         6.000000            4.000000         9.000000         4.000000
        12.000000            4.000000        15.000000         4.000000
        18.000000      0.000000E + 00        15.000000   0.000000E + 00
        12.000000      0.000000E + 00         9.000000   0.000000E + 00
         6.000000      0.000000E + 00         3.000000   0.000000E + 00
         3.000000            2.000000         6.000000         2.000000
        12.000000            2.000000        15.000000         2.000000
THE NUMBER OF RODS WITH EXTERIOR FORCES
         6             9           10
THE FORCES ACTING AT THE NODES
        20.000000      0.000000E + 00   0.000000E + 00     - 60.000000
   0.000000E + 00          - 50.000000
THE NUMBER OF NODE WITH CONSTRICTIION
         1             7
THE INFORMATION OF THE CONSTRICTION
         1             1            0            1
THE FORCE VALUE OF THE RODS
      THE NUMBER OF ROD    S( 1) =    - 50.694490
      THE NUMBER OF ROD    S( 2) =    - 30.416700
      THE NUMBER OF ROD    S( 3) =    - 60.833380
      THE NUMBER OF ROD    S( 4) =    - 84.166690
      THE NUMBER OF ROD    S( 5) =    - 32.083350
      THE NUMBER OF ROD    S( 6) =    - 86.805600
      THE NUMBER OF ROD    S( 7) =      52.083330
      THE NUMBER OF ROD    S( 8) =      52.083330
      THE NUMBER OF ROD    S( 9) =     104.166700
      THE NUMBER OF ROD    S(10) =      80.833370
```

```
THE NUMBER OF ROD    S(11) =     50.416690
THE NUMBER OF ROD    S(12) =     50.416690
THE NUMBER OF ROD    S(13) =      .000008
THE NUMBER OF ROD    S(14) =     40.555590
THE NUMBER OF ROD    S(15) =     36.556300
THE NUMBER OF ROD    S(16) =   - 36.556290
THE NUMBER OF ROD    S(17) =     20.277780
THE NUMBER OF ROD    S(18) =   - 20.277780
THE NUMBER OF ROD    S(19) =     36.556290
THE NUMBER OF ROD    S(20) =   - 36.556270
THE NUMBER OF ROD    S(21) =     24.999990
THE NUMBER OF ROD    S(22) =    - 8.513123
THE NUMBER OF ROD    S(23) =      8.513126
THE NUMBER OF ROD    S(24) =     34.722220
THE NUMBER OF ROD    S(25) =     25.277770
THE NUMBER OF ROD    S(26) =   - 62.596390
THE NUMBER OF ROD    S(27) =     62.596400
THE NUMBER OF ROD    S(28) =     69.444480
THE NUMBER OF ROD    S(29) =      .000008
REACTION FORCES
THE NUMBER OF NODE    1    RX =   - 20.000000
THE NUMBER OF NODE    1    RY =     40.555590
THE NUMBER OF NODE    7    RY =     69.444480
```

例 3.6 已知平面简单桁架载荷与结构如图 3.17 所示,计算各杆内力及支座反力,已知 $P=5\text{kN}$。

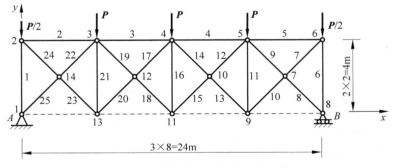

图 3.17 桁架结构与杆件节点编号

解 (1)桁架结构与杆件节点编号如图 3.17 所示。

(2)数据文件见表 3.3。

表 3.3　例 3.6 的数据文件

序号	变量/数组	数据文件 EXPC36.DAT
1	M,N,NC,NG	25,14,2,5
2	MP(2×M)	1,2,2,3,3,4,4,5,5,6,6,8,6,7,7,8,5,7,7,9,5,9,5,10,9,10, 4,10,10,11,4,11,4,12,11,12,3,12,12,13,3,13,3,14,13,14, 2,14,1,14
3	Pxy(2×N)	0,0,0,4,6,4,12,4,18,4,24,4,21,2,24,0,18,0,15,2,12,0,9,2, 6,0,3,2
4	NGP(NG)	2,3,4,5,6
5	GP(2×NG)	0,−2.5,0,−5,0,−5,0,−5,0,−2.5
6	NCP(NC)	1,8
7	INC(2×NC)	1,1,0,1

计算结果文件如下：

THE CONDITION OF THE STRUCTURE
M,N,NC,NG

25	14	2	5		

THE NODE NUMBER OF THE RODS

1	2	2	3	3	4
4	5	5	6	6	8
6	7	7	8	5	7
7	9	5	9	5	10
9	10	4	10	10	11
4	11	4	12	11	12
3	12	12	13	3	13
3	14	13	14	2	14
1	14				

THE COORDINATES OF THE NODES

0.000000E+00	0.000000E+00	0.000000E+00	4.000000
6.000000	4.000000	12.000000	4.000000
18.000000	4.000000	24.000000	4.000000
21.000000	2.000000	24.000000	0.000000E+00
18.000000	0.000000E+00	15.000000	2.000000
12.000000	0.000000E+00	9.000000	2.000000
6.000000	0.000000E+00	3.000000	2.000000

THE NUMBER OF RODS WITH EXTERIOR FORCES

2	3	4	5	6

THE FORCES ACTING AT THE NODES

0.000000E+00	−2.500000	0.000000E+00	−5.000000
0.000000E+00	−5.000000	0.000000E+00	−5.000000
0.000000E+00	−2.500000		

THE NUMBER OF NODE WITH CONSTRICTIION

```
            1         8
THE INFORMATION OF THE CONSTRICTION
            1         1         0         1
THE FORCE VALUE OF THE RODS
    THE NUMBER OF ROD  S( 1) =   - 10.000010
    THE NUMBER OF ROD  S( 2) =   - 11.250020
    THE NUMBER OF ROD  S( 3) =   - 26.250040
    THE NUMBER OF ROD  S( 4) =   - 26.250040
    THE NUMBER OF ROD  S( 5) =   - 11.250010
    THE NUMBER OF ROD  S( 6) =   - 10.000010
    THE NUMBER OF ROD  S( 7) =     13.520830
    THE NUMBER OF ROD  S( 8) =     - .000004
    THE NUMBER OF ROD  S( 9) =     - .000001
    THE NUMBER OF ROD  S(10) =     13.520830
    THE NUMBER OF ROD  S(11) =   - 15.000020
    THE NUMBER OF ROD  S(12) =     18.027780
    THE NUMBER OF ROD  S(13) =     13.520830
    THE NUMBER OF ROD  S(14) =     13.520840
    THE NUMBER OF ROD  S(15) =     18.027780
    THE NUMBER OF ROD  S(16) =   - 20.000030
    THE NUMBER OF ROD  S(17) =     13.520840
    THE NUMBER OF ROD  S(18) =     18.027780
    THE NUMBER OF ROD  S(19) =     18.027790
    THE NUMBER OF ROD  S(20) =     13.520830
    THE NUMBER OF ROD  S(21) =   - 15.000020
    THE NUMBER OF ROD  S(22) =       .000005
    THE NUMBER OF ROD  S(23) =     13.520840
    THE NUMBER OF ROD  S(24) =     13.520840
    THE NUMBER OF ROD  S(25) =       .000003
REACTION FORCES
    THE NUMBER OF NODE    1    RX =    - .000002
    THE NUMBER OF NODE    1    RY =     10.000010
    THE NUMBER OF NODE    8    RY =     10.000010
```

例 3.7　已知平面复杂桁架载荷与结构如图 3.18 所示,计算各杆内力及支座反力,已知 $P = 1\text{kN}$。

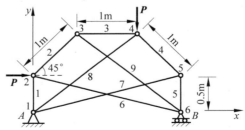

图 3.18　桁架结构与杆件节点编号

解 （1）桁架结构与杆件节点编号如图 3.18 所示。

（2）数据文件见表 3.4。

表 3.4　例 3.7 的数据文件

序号	变量/数组	数据文件 EXPC37. DAT
1	M,N,NC,NG	9,6,2,2
2	MP(2×M)	1,2,2,3,3,4,4,5,5,6,2,6,1,5,1,4,3,6
3	Pxy(2×N)	0,0,0,0.5,0.707,1.207,1.707,1.207,2.414,0.5,2.414,0
4	NGP(NG)	2,4
5	GP(2×NG)	1,0,0,−1
6	NCP(NC)	1,6
7	INC(2×NC)	1,1,0,1

计算结果文件如下：

```
THE CONDITION OF THE STRUCTURE
M, N, NC, NG
         9              6              2              2
THE NODE NUMBER OF THE RODS
         1              2              2              3          3          4
         4              5              5              6          2          6
         1              5              1              4          3          6
THE COORDINATES OF THE NODES
  0.000000E + 00   0.000000E + 00   0.000000E + 00   5.000000E − 01
  7.070000E − 01       1.207000          1.707000          1.207000
     2.414000     5.000000E − 01      2.414000      0.000000E + 00
THE NUMBER OF RODS WITH EXTERIOR FORCES
         2              4
THE FORCES ACTING AT THE NODES
     1.000000     0.000000E + 00   0.000000E + 00     − 1.000000
THE NUMBER OF NODE WITH CONSTRICTIION
         1              6
THE INFORMATION OF THE CONSTRICTION
         1              1              0              1
THE FORCE VALUE OF THE RODS
    THE NUMBER OF ROD    S( 1) =     − .292875
    THE NUMBER OF ROD    S( 2) =     − .585778
    THE NUMBER OF ROD    S( 3) =     − 1.000000
    THE NUMBER OF ROD    S( 4) =     − 1.414214
    THE NUMBER OF ROD    S( 5) =     − 1.207125
    THE NUMBER OF ROD    S( 6) =     − .598226
    THE NUMBER OF ROD    S( 7) =     1.021225
    THE NUMBER OF ROD    S( 8) =      .000000
    THE NUMBER OF ROD    S( 9) =      .717440
```

```
REACTION FORCES
    THE NUMBER OF NODE    1    RX =    - 1.000000
    THE NUMBER OF NODE    1    RY =      .085750
    THE NUMBER OF NODE    6    RY =      .914250
```

例 3.8 已知平面复杂桁架载荷与结构如图 3.19 所示,计算各杆内力及支座反力,已知 $P = 1\text{kN}$。

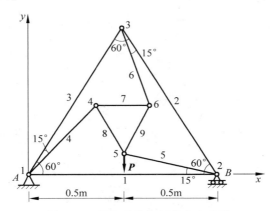

图 3.19 桁架结构与杆件节点编号

解 (1)桁架结构与杆件节点编号如图 3.19 所示。

(2)数据文件见表 3.5。

表 3.5 例 3.8 的数据文件

序号	变量/数组	数据文件 EXPC38.DAT
1	M,N,NC,NG	9,6,2,1
2	MP(2×M)	1,2,2,3,1,3,1,4,2,5,3,6,4,6,4,5,5,6
3	Pxy(2×N)	0,0,1,0,0.5,0.866,0.366,0.366,0.5,0.134,0.634,0.366
4	NGP(NG)	5
5	GP(2×NG)	0,−1
6	NCP(NC)	1,2
7	INC(2×NC)	1,1,0,1

计算结果文件如下:

```
THE CONDITION OF THE STRUCTURE
  M,N,NC,NG
           9            6            2            1
  THE NODE NUMBER OF THE RODS
           1            2            2            3            1            3
           1            4            2            5            3            6
```

```
            4            6            4            5            5            6
THE COORDINATES OF THE NODES
    0.000000E + 00    0.000000E + 00         1.000000    0.000000E + 00
    5.000000E − 01    8.660000E − 01    3.660000E − 01    3.660000E − 01
    5.000000E − 01    1.340000E − 01    6.340000E − 01    3.660000E − 01
THE NUMBER OF RODS WITH EXTERIOR FORCES
            5
THE FORCES ACTING AT THE NODES
    0.000000E + 00        − 1.000000
THE NUMBER OF NODE WITH CONSTRICTIION
            1            2
THE INFORMATION OF THE CONSTRICTION
            1            1            0            1
THE FORCE VALUE OF THE RODS
    THE NUMBER OF ROD    S( 1) =         .429577
    THE NUMBER OF ROD    S( 2) =       − .525772
    THE NUMBER OF ROD    S( 3) =       − .192409
    THE NUMBER OF ROD    S( 4) =       − .471456
    THE NUMBER OF ROD    S( 5) =       − .172567
    THE NUMBER OF ROD    S( 6) =         .643907
    THE NUMBER OF ROD    S( 7) =       − .525920
    THE NUMBER OF ROD    S( 8) =         .384982
    THE NUMBER OF ROD    S( 9) =         .718249
REACTION FORCES
    THE NUMBER OF NODE    1    RX =         .000000
    THE NUMBER OF NODE    1    RY =         .500000
    THE NUMBER OF NODE    2    RY =         .500000
```

习题

习题 3.1　桁架结构如图所示，$AB = BC = CD = AD$，求各杆内力及支座反力。

习题 3.2　桁架结构如图所示，求各杆内力及支座反力。

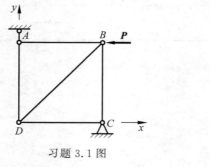

习题 3.1 图

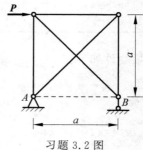

习题 3.2 图

习题 3.3 桁架结构如图所示,求各杆内力及支座反力。

习题 3.4 桁架结构如图所示,ABC 为等腰三角形,EF 为两腰中点,$AD = DB$。求各杆内力及支座反力。

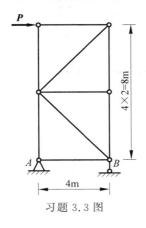

习题 3.3 图

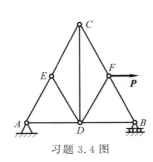

习题 3.4 图

习题 3.5 桁架结构如图所示,求各杆内力及支座反力。

习题 3.6 桁架结构如图所示,求各杆内力及支座反力。

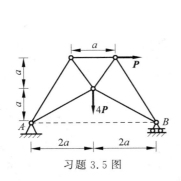

习题 3.5 图

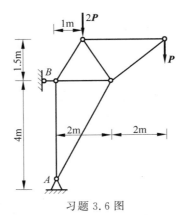

习题 3.6 图

习题 3.7 桁架结构如图所示,求各杆内力及支座反力。

习题 3.8 桁架结构如图所示,求各杆内力及支座反力。

习题 3.9 桁架结构如图所示,$P = 12\text{kN}$,求各杆内力及支座反力。

习题 3.10 桁架结构如图所示,$P = 50\text{kN}$,求各杆内力及支座反力。

习题 3.11 桁架结构如图所示,求各杆内力及支座反力。

习题 3.12 桁架结构如图所示,$P = 50\text{kN}$,且$\perp BC$,$\angle A = \angle B = 30°$。求各杆内力及支座反力。

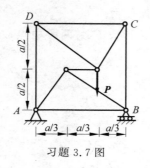

习题 3.7 图

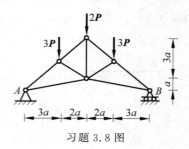

习题 3.8 图

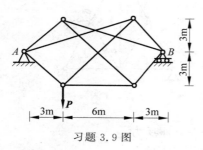

习题 3.9 图

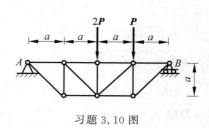

习题 3.10 图

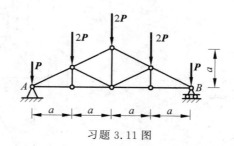

习题 3.11 图

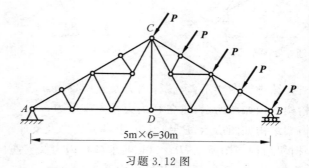

习题 3.12 图

第4章

平面物系的平衡

4.1　平面物系平衡的基本理论

　　平面物系是指由 2 个以上具有一定几何形状和尺寸的物体依某种连接方式组合而成且所有力的作用线均位于同一平面的物体系统。与单个物体平衡问题不同的是,物系中的任一个物体不仅受到主动力与外界约束反力的作用,还在与其他物体的连接处受到其他物体的作用力。这种作用力对于刚体系统而言是内力,而对于一个独立的物体而言则是外力。求解平面物系的平衡问题首先要做静定和静不定分析,即进行平衡方程个数分析与未知数个数分析。分析系统的平衡方程个数可以采用 2 种方法,一是根据物系中每一个物体的力系性质进行分析,例如平面任意力系平衡方程的个数为 3,平行力系平衡方程的个数为 2,汇交力系平衡方程的个数为 2;二是根据物体有无尺寸进行分析,有尺寸物体平衡方程的个数为 3,无尺寸物体平衡方程的个数为 2。分析未知数的个数主要根据约束性质分析,这种约束包括外界对物体系统的约束与物系中物体之间的相互约束。

　　对于静定问题,由于物系处于平衡状态,物系中每一个物体也处于平衡状态,利用单个物体的平衡条件,列出全部求解方程,可以求出外界的约束反力及物体之间的相互作用力。

　　平面物系的手算方法一般取一次整体作为研究对象,然后通过选取适当的研究对象列出全部求解方程进行求解,也可以通过列出每一个物体的平衡方程得到全部求解方程进行求解。平面物系问题的求解过程比单个物体的求解过程要复杂一些,为了避免解联立方程,在手算求解过程中也使用了较多技巧,如坐标轴与矩心的合理选取等。即使如此,当物系中物体的个数较多,载荷种类与个数较多时,采用手算方法均遇到很多困难,不仅计算量大也极易出错。

　　解平面物系平衡问题的计算方法较多,主要分为两类:一类是取一次整体为研究对象,再选取部分物体为研究对象;另一类是不取整体,每次只取一个物体为研究对象。平面物系的求解方案取决于物系中物体的个数。对于有 n 个物体的物体系统,则求解方案的总数为

$$m = 1 + C_n^{n-1} = 1 + C_n^1 = 1 + n \tag{4-1}$$

对平面物系平衡问题进行电算,可在 m 个求解方案中选择一个方案作为电算方案。由于取整体为研究对象之后再取部分物体作为研究对象,研究对象的选取因题而异,较难编程。对于电算应选择具有通用性的方案,如依次选取每一个物体作为研究对象则具有通用性,所以应该选择每一个物体作为研究对象的方案作为平面物系的计算方案。

与平面桁架内力计算问题不同的是,平面桁架以节点为研究对象属于平面物系中物体尺寸不计的点系,且力系均为汇交力系,而平面物系问题不仅物体具有一定的形状与尺寸,而且力的种类也不同,因而在电算中的建模与程序设计中必须给予相应的考虑。

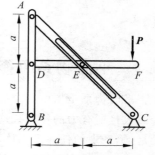

图 4.1　物系结构与载荷

例 4.1　已知平面物系结构如图 4.1 所示,分析该结构的求解方案。

解　该系统共有 3 个物体,按式(4-1)该问题共有 4 种不同求解方案。

方案 1　分别取整体、取 AB、取 AC 受力分析如图 4.2 所示。

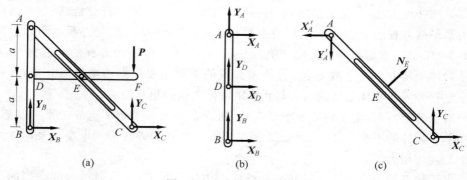

图 4.2　方案 1 的受力分析

方案 2　分别取整体、取 AB、取 DF 受力分析如图 4.3 所示。
方案 3　分别取整体、取 DF、取 AC 受力分析如图 4.4 所示。
方案 4　分别取 AB、取 AC、取 DF 受力分析如图 4.5 所示。

对于上述方案 1~3,每次取一次整体,再分别取两个物体。对于手算,方案 2, 3 较好,从整体可以求出 Y_B、Y_C,从 DF 可以求出 N_E、X_D、Y_D,最后由 AB 或 AC

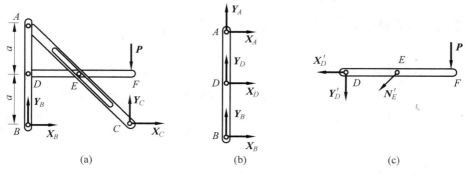

图 4.3 方案 2 的受力分析

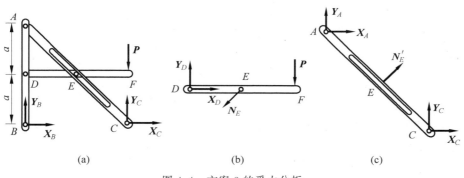

图 4.4 方案 3 的受力分析

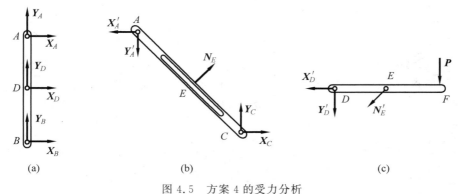

图 4.5 方案 4 的受力分析

求出其余反力。对于电算,因为方案 1～3 具有任意性,不宜作为电算方案,方案 4 依次取每一个物体为研究对象具有一般性,适合作为电算方案。

4.2 平面物系平衡的计算方法

4.2.1 单个物体的平衡方程

设物系中某个物体形状与载荷如图 4.6 所示,其中主动力偶为 $M_i(i=1,\cdots,$ $n_m)$,主动力为 $\boldsymbol{P}_j(j=1,\cdots,n_p)$,分布载荷为 $q_k(k=1,\cdots,n_q)$,外界约束反力为 $\boldsymbol{R}_l$、$M_l(l=1,\cdots,n_r)$,物体之间的相互作用力为 $S_m(m=1,\cdots,n_c)$。

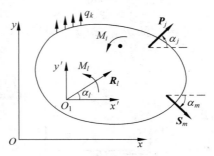

图 4.6 受主动力与约束力作用的刚体

由于物体系统处于平衡状态,该物体也处于平衡状态,由平面任意力系的平衡方程有

$$\sum \boldsymbol{X}=0,\ \sum P_{jx}+\sum (q_k l)_x+\sum R_{lx}+\sum S_{mx}=0 \qquad (4\text{-}2)$$

$$\sum \boldsymbol{Y}=0,\ \sum P_{jy}+\sum (q_k l_{qk})_y+\sum R_{ly}+\sum S_{my}=0 \qquad (4\text{-}3)$$

$$\sum m_{O_1}=0,\ \sum M_i+\sum m_{O_1}(\boldsymbol{P}_j)+\sum m_{O_1}(q_k l_{qk})+\sum m_{O_1}(\boldsymbol{R}_l)+$$
$$\sum m_{O_1}(\boldsymbol{S}_m)+\sum M_l=0 \qquad (4\text{-}4)$$

式(4-4)中 O_1 表示该物体的局部坐标原点,其坐标为 (x_{O1},y_{O1})。设 O 为总体坐标原点,相关载荷在总体坐标系中的作用点分别为:P_j(坐标为 (x_i,y_j))、q_k(坐标为 (x_k,y_k))、R_l(坐标为 (x_l,h_l))和 S_m(坐标为 (x_m,y_m)),则式(4-4)中有关项的显式如下:

$$\sum m_{O_1}(\boldsymbol{P}_j)=\sum [-P_{jx}(y_j-y_{O_1})+P_{jy}(x_j-x_{O_1})] \qquad (4\text{-}5)$$

$$\sum m_{O_1}(\boldsymbol{q}_k l_{qk})=\sum [-(q_k l_{qk})_x(y_k-y_{O_1})+(q_k l_{qk})_y(x_k-x_{O_1})] \qquad (4\text{-}6)$$

$$\sum m_{O_1}(\boldsymbol{R}_l)=\sum [-R_{lx}(y_l-y_{O_1})+R_{ly}(x_l-x_{O_1})] \qquad (4\text{-}7)$$

$$\sum m_{O_1}(\boldsymbol{S}_m)=\sum [-S_{mx}(y_m-y_{O_1})+S_{my}(x_m-x_{O_1})] \qquad (4\text{-}8)$$

如取局部坐标原点与总体坐标原点重合,即 $x_{O_1}=0,y_{O_1}=0$ 则式(4-5)~式(4-8)

得到简化：

$$\sum m_{O_1}(\boldsymbol{P}_j) = \sum \left[-P_{jx}y_j + P_{jy}x_j \right] \tag{4-9}$$

$$\sum m_{O_1}(\boldsymbol{q}_k l_{qk}) = \sum \left[-(q_k l_{qk})_x y_k + (q_k l_{qk})_y x_k \right] \tag{4-10}$$

$$\sum m_{O_1}(\boldsymbol{R}_l) = \sum \left[-R_{lx}y_l + R_{ly}x_l \right] \tag{4-11}$$

$$\sum m_{O_1}(\boldsymbol{S}_m) = \sum \left[-S_{mx}y_m + S_{my}x_m \right] \tag{4-12}$$

4.2.2　物体系统的平衡方程

设某一平面物系有 NE 个物体，MI 个内部约束，NC 个外部约束，由单个物体的平衡方程式(4-2)～式(4-4)可建立物体系统的平衡方程：

$$\boldsymbol{AX} = \boldsymbol{B} \tag{4-13}$$

其中 $\boldsymbol{A}$ 是系数矩阵，$\boldsymbol{X}$ 是未知数列阵，$\boldsymbol{B}$ 是已知载荷列阵。若物系中的一个物体的力系性质数为 f_i，内部约束 MI 的约束自由度为 N_{si}，外部约束 NC 的约束自由度为 N_{Ri}，则求解方程阶数存在如下关系：

$$\sum \mathrm{NE}_i \cdot f_i = \sum \mathrm{MI}_i \cdot N_{si} + \sum \mathrm{NC}_i \cdot N_{Ri} \tag{4-14}$$

4.2.3　系统总体平衡方程的特点及其求解

式(4-13)的系数矩阵 $\boldsymbol{A}$ 是一个稀疏矩阵，且主对角线含有零元素，解式(4-13)时应采用列主元法，求解式(4-13)可得到全部约束反力。

4.3　程序设计

平面物系平衡问题的程序设计包括读入信息，生成式(4-13)的系数矩阵 $\boldsymbol{A}$ 及右端载荷列阵 $\boldsymbol{B}$，解方程组和输出计算结果。

4.3.1　主程序框图

主程序框图见图 4.7。

4.3.2　读入信息及举例

1）读入信息

读入信息包括控制信息及有关数据信息。控制信息包括物系中物体的个数、内部约束的个数、外部约束的个数、外载荷的数量、载荷的种类和刚体的力系性质等。相关变量及数组说明如下：

NE——物系中所含物体的个数(除二力杆)。

MI——内部约束的个数。

NG——物系受主动力的个数。

NKP(NG)——载荷的种类:集中力偶取 1,集中力取 2,分布载荷取 3。

NFRE(NE)——刚体的力系性质:汇交力系取 2,平行力系取 2,一般力系取 3,也可以按照研究对象有无尺寸取值,有尺寸取 3,无尺寸取 2。

MINF(5×MI)——内部约束信息数组。约束信息 5 个数值分 3 组,1 组为约束自由度,1 个数值占第 1 位;2 组为约束方向或信息,2 个数值占 2~3 位;3 组为位约束节点坐标,2 个数值占 4~5 位。信息排列如下:

×　　××　　××
1.　　2.　　3.

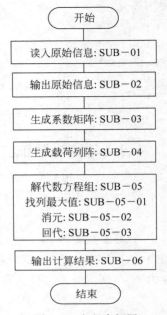

图 4.7　主程序框图

1. 约束自由度取值为 1,2,二力杆取 1,中间铰链取 2。

2. 约束方向或信息。

约束自由度取 1,约束方向取角度 α、0。

约束自由度取 2,约束信息取 α_1、α_2。α_1、α_2 为约束自由度与 X 轴正向夹角。约束信息按小号码刚体给出。

3. 约束节点坐标(二力杆时为小号刚体坐标)。

MP(2×MI)为由内部约束连接的刚体号码,读入刚体号码时,小号在先大号在后。

NINF(6×NC)为外部约束信息数组,约束信息 6 个数值分 3 组,1 组为约束自由度,1 个数值占 1 位;2 组为约束方向或信息,3 个数值占 2~4 位;3 组为约束节点坐标,2 个数值占 5~6 位。信息排列如下:

×　　×××　　×　×
1　　2　　3

1. 约束自由度取值为 1、2、3(1 对应活动支座;2 对应固定支座;3 对应固定端)。

2. 约束方向或信息。

约束自由度取 1,约束方向按角度 α、0、0 给出;α 为与 x 轴正方向的夹角。

约束自由度取 2,约束信息取 α_1、α_2、0;α_1、α_2 为与 x 轴正方向的夹角。

约束自由度取 3,约束信息取 α_1、α_2、1;α_1、α_2 为与 x 轴正方向的夹角。

3. 约束节点坐标,按照总体坐标给出。

NP(NC)为外部约束对应的刚体号码。

NGP(NG)为主动力作用的刚体号码。

GINF($5 \times NG$)为主动力信息数组,主动力信息分2组,1组为主动力信息,包括力偶的大小、力的大小、分布载荷的大小和分布长度等,3个数值占 $1 \sim 3$ 位;2组为主动力作用点的坐标,2个数值占 $4 \sim 5$ 位。信息排列如下:

$$\underset{1}{\times \times \times} \qquad \underset{2}{\times \times}$$

1. 主动力数值/长度,角度。

集中力偶作用:0、0、M_i;M_i 是集中力偶的数值,逆时针为正,顺时针为负。

集中力作用:P_{iX}、P_{iY}、0;P_{iX}、P_{iY} 是集中力的数值,与坐标同向为正,反向为负。

分布载荷作用:q_i、l、α;q_i 是分布载荷的大小,l 为分布载荷作用的长度,α 为 q_i 与 x 正向的夹角。

2. 主动力作用点坐标,分布载荷作用时取分布载荷作用的起始点坐标。

SR($3 \times NE$)为主动力列阵数组及未知力列阵数组。

2) 数据书写举例

例 4.2　已知物系结构与载荷如图 4.8 所示,编写数据文件。

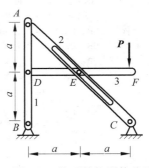

图 4.8　物系结构刚体编号

解　刚体编号如图 4.8 所示。结构的载荷为 1 个集中载荷,作用于 3 号刚体。内部约束有 3 个,分别为 A 点,中间铰链,2 个约束反力;D 点,中间铰链,2 个约束反力;E 点,光滑约束,1 个约束反力。外部约束 2 个,分别为 B 点,固定支座,2 个约束反力;C 点,固定支座,2 个约束反力。变量和数组数据如下:

```
NE = 3, MI = 3, NC = 2, NG = 1
NKP(NG) = 2
NFRE(NE) = 3, 3, 3
MINF(5 × MI) = 2, 0, 90, 0, 2
               2, 0, 90, 0, 1
               1, 45, 0, 1, 1
MP(2 × MI) =   1, 2, 1, 3, 2, 3
NINF(6 × NC) = 2, 0, 90, 0, 0, 0
               2, 0, 90, 0, 2, 0
NP(NC) = 1, 2
NGP(NG) = 3
GINF(5 × NG) = 0, -1, 0, 2, 1
```

数据文件如下:

```
DATA  3,3,2,1(数据之间的逗号用英文的逗号,数据文件用文本编辑器编写,扩展名为.DAT)
DATA  2
DATA  3,3,3
DATA  2,0,90,0,2,2,0,90,0,1,1,45,0,1,1
DATA  1,2,1,3,2,3
DATA  2,0,90,0,0,0,2,0,90,0,2,0
DATA  1,2
DATA  3
DATA  0,-1,0,2,1
```

4.3.3　源程序及注释

主程序　20　　　　　读入控制信息

　　　　　40——50　读入有关信息

　　　　　60——70　输出有关信息

　　　　　80——90　生成系数矩阵 **A**

　　　　　100——110　生成右端载荷列阵 **B**

　　　　　120——130　解线性代数方程组(列主元法)

　　　　　140——150　输出计算结果

　　　　　170——250　数据(也可采用文件输入)

子程序 SUB - 01.　读入信息

子程序 SUB - 02.　输出信息

子程序 SUB - 03.　生成系数矩阵 **A**

　　　　　3010 - 3446　生成 **A** 阵中与内部约束有关的系数

　　　　　3450 - 3780　生成 **A** 阵中与外部约束有关的系数

子程序 SUB - 04.　生成右端载荷列阵 **B**

　　　　　4020 - 4040　确定载荷作用的刚体号码、载荷种类及刚体力系种类

　　　　　4060 - 4080　确定上一刚体最后一个方程号码

　　　　　4090 - 4110　确定主动力在方程组中的行号

　　　　　4130 - 4200　找出主动力大小、位置并放入载荷列阵

　　　　　　　　　　　(载荷为集中力及集中力偶)

　　　　　4220 - 4370　确定均布载荷数值、中心位置,放入载荷列阵

子程序 SUB - 05.　解线性代数方程组

　　　　　5010 - 5030　确定方程阶数

　　　　　5040 - 5130　找列主元,进行行变换

　　　　　5140　消元

　　　　　5160　回代

子程序 SUB - 05 - 01.　确定列主元

子程序 SUB - 05 - 02.　消元

子程序 SUB - 05 - 03.　回代

子程序 SUB - 07.　输出计算结果

　　　　　6005 - 6100　输出结构的内力

　　　　　6110 - 6280　输出结构外界的约束反力

SUB - 03　生成系数矩阵 **A**

```
10      REM THE PROGRAM FOR PLAN PROBLEM OF STYTICS
12      OPEN "EXPC41.DAT" FOR INPUT AS ♯1
15      OPEN "EXPR41.DAT" FOR OUTPUT AS ♯2
20      INPUT ♯1, NE, MI, NC, NG
30      DIM MP(2 * MI), MINF(5 * MI), NP(NC), NINF(6 * NC), NGP(NG), NKP(NG)
35      DIM GINF(5 * NG), NFRE(NE), SR(3 * NE), A(3 * NE, 3 * NE)
40      REM READ INFORMATION
50      GOSUB 1000
52      LEQ = 0
54      FOR I = 1 TO NE
56      LEQ = LEQ + NFRE(I)
58      NEXT I
60      REM PRINT INFORMATION
70      GOSUB 2000
80      REM FORM COFFITIONT MATRIX A
90      GOSUB 3000
100     REM FORM RIGHT HAND MATRIX B
110     GOSUB 4000
120     REM SOLVE EQUATION
130     GOSUB 5000
140     REM PRINT RESULTS
150     GOSUB 6000
155     CLOSE ♯2
158     CLOSE ♯1
160     END
170      DATA 3,3,2,1
180      DATA 2
```

```
200        DATA 3,3,3
210        DATA 2,0,90,0,2,2,0,90,0,1,1,45,0,1,1
220        DATA 1,2,1,3,2,3
230        DATA 2,0,90,0,0,0,2,0,90,0,2,0
240        DATA 1,2
250        DATA 3
260        DATA 0,-1,0,2,1
270        REM DATA 1,0,2,2
280        REM DATA 2,2
290        REM DATA 3
300        REM DATA 2,0,90,0,0,0,1,90,0,0,1,0
310        REM DATA 1,1
320        REM DATA 1,1
330        REM DATA 0,-1,0,.333,0
340        REM DATA 0,-1,0,.666,0

1000       REM SUB-01 READ INFORMATION
1010       FOR I=1 TO NG
1020       INPUT #1, NKP(I)
1030       NEXT I
1040       FOR I=1 TO NE
1050       INPUT #1, NFRE(I)
1060       NEXT I
1065       IF MI=0 THEN 1130
1070       FOR I=1 TO 5*MI
1080       INPUT #1, MINF(I)
1090       NEXT I
1100       FOR I=1 TO 2*MI
1110       INPUT #1, MP(I)
1120       NEXT I
1130       FOR I=1 TO 6*NC
1140       INPUT #1, NINF(I)
1150       NEXT I
1155       FOR I=1 TO NC
1156       INPUT #1, NP(I)
1157       NEXT I
1160       FOR I=1 TO NG
1170       INPUT #1, NGP(I)
1180       NEXT I
1190       FOR I=1 TO 5*NG
1200       INPUT #1, GINF(I)
1210       NEXT I
1220       RETURN
```

```
2000    REM    SUB - 02 PRINT INFORMATION
2010    PRINT ♯2, "NE = "; NE, "MI = "; MI, "NC = "; NC, "NG = "; NG
2117    PRINT ♯2, "I", "NKP(I)"
2020    FOR I = 1 TO NG
2030    PRINT ♯2, NKP(I)
2040    NEXT I
2050    PRINT ♯2, "I", "NFRE(I)"
2060    FOR I = 1 TO NE
2070    PRINT ♯2, NFRE(I)
2080    NEXT I
2086    PRINT ♯2, "I", "MINF(I)"
2090    FOR I = 1 TO MI
2100    PRINT ♯2, I, MINF(5 * I - 4); MINF(5 * I - 3); MINF(5 * I - 2);
2105    PRINT ♯2, MINF(5 * I - 1), MINF(5 * I)
2110    NEXT I
2120    PRINT ♯2, "NUMBER OF BODY RELATED BY MI"
2125    PRINT ♯2, "I", "MP(I)"
2130    FOR I = 1 TO MI
2140    PRINT ♯2, MP(2 * I - 1), MP(2 * I)
2150    NEXT I
2160    PRINT ♯2, "THE INFORMATION ABOUT CONSTRICTION"
2165    PRINT ♯2, "I", "NINF(I)"
2170    FOR I = 1 TO NC
2180    PRINT ♯2, I, NINF(6 * I - 5); NINF(6 * I - 4); NINF(6 * I - 3);
2185    PRINT ♯2, NINF(6 * I - 2); NINF(6 * I - 1); NINF(6 * I)
2190    NEXT I
2195    PRINT ♯2, "I", "NP(I)"
2200    FOR I = 1 TO NC
2210    PRINT ♯2, I, NP(I)
2220    NEXT I
2230    PRINT ♯2, "I", "NGP(I)"
2240    FOR I = 1 TO NG
2250    PRINT ♯2, I, NGP(I)
2260    NEXT I
2270    PRINT ♯2, "INFORMATION ABOUT LOAD"
2275    PRINT ♯2, "I", "GINF(5 * I)"
2280    FOR I = 1 TO NG
2290    PRINT ♯2, I, GINF(5 * I - 4); GINF(5 * I - 3); GINF(5 * I - 2);
2295    PRINT ♯2, GINF(5 * I - 1); GINF(5 * I)
2300    NEXT I
2310    RETURN


3000    REM SUB - 03 FORM MATRIX A
3002    FOR IR = 1 TO LEQ
3004    FOR JC = 1 TO LEQ
```

```
3006    A(IR, JC) = 0
3008    NEXT JC
3009    NEXT IR
3010    FOR I = 1 TO MI
3020    NE1 = MP(2 * I - 1)
3030    NE2 = MP(2 * I)
3040    L1 = 0: L2 = 0: L3 = 0: L4 = 0
3050    FOR K1 = 1 TO NE1 - 1
3060    IF NE1 - 1 = 0 THEN L1 = 0: GOTO 3080
3070    L1 = L1 + NFRE(K1)
3080    NEXT K1
3082    FOR J = 1 TO I - 1
3084    IF I - 1 = 0 THEN L3 = 0: GOTO 3088
3086    L3 = L3 + MINF(5 * J - 4)
3088    NEXT J
3090    FOR K2 = 1 TO NE2 - 1
3100    IF NE2 - 1 = 0 THEN L2 = 0: GOTO 3120
3110    L2 = L2 + NFRE(K2)
3120    NEXT K2
3130    NX1 = L1 + 1: NY1 = L1 + 2: NM1 = L1 + 3
3140    NX2 = L2 + 1: NY2 = L2 + 2: NM2 = L2 + 3
3150    MIC = MINF(5 * I - 4)
3160    ALF1 = MINF(5 * I - 3) * 3.14159 / 180
3170    ALF2 = MINF(5 * I - 2) * 3.14159 / 180
3180    X = MINF(5 * I - 1)
3190    Y = MINF(5 * I)
3200    IF MIC = 2 THEN 3280
3210    A(NX1, L3 + 1) = COS(ALF1)
3220    A(NY1, L3 + 1) = SIN(ALF1)
3225    M0 = - Y * COS(ALF1) + X * SIN(ALF1)
3230    IF NFRE(NE1) = 3 THEN A(NM1, L3 + 1) = M0
3240    A(NX2, L3 + 1) = - COS(ALF1)
3250    A(NY2, L3 + 1) = - SIN(ALF1)
3260    IF NFRE(NE2) = 3 THEN A(NM2, L3 + 1) = - M0
3270    GOTO 3420
3280    A(NX1, L3 + 1) = COS(ALF1)
3290    A(NY1, L3 + 1) = SIN(ALF1)
3300    A(NX1, L3 + 2) = COS(ALF2)
3310    A(NY1, L3 + 2) = SIN(ALF2)
3320    IF NFRE(NE1) = 2 GOTO 3350
3330    A(NM1, L3 + 1) = - Y * COS(ALF1) + X * SIN(ALF1)
3340    A(NM1, L3 + 2) = - Y * COS(ALF2) + X * SIN(ALF2)
3350    A(NX2, L3 + 1) = - COS(ALF1)
3360    A(NY2, L3 + 1) = - SIN(ALF1)
3370    A(NX2, L3 + 2) = - COS(ALF2)
```

```
3380    A(NY2, L3 + 2) = - SIN(ALF2)
3390    IF NFRE(NE2) = 2 GOTO 3420
3400    A(NM2, L3 + 1) = Y * COS(ALF1) - X * SIN(ALF1)
3410    A(NM2, L3 + 2) = Y * COS(ALF2) - X * SIN(ALF2)
3415    L1 = 0: L2 = 0: L3 = 0
3420    NEXT I
3430    LS0 = 0
3440    FOR I = 1 TO MI
3450    LS0 = LS0 + MINF(5 * I - 4)
3460    NEXT I
3470    FOR J = 1 TO NC
3475    LC = 0
3480    FOR KK = 1 TO J - 1
3490    IF J - 1 = 0 THEN LC = 0: GOTO 3510
3500    LC = LC + NINF(6 * KK - 5)
3510    NEXT KK
3520    LC1 = LS0 + LC + 1: LC2 = LS0 + LC + 2: LC3 = LS0 + LC + 3
3530    NEC = NP(J)
3540    LF = 0
3550    FOR K3 = 1 TO NEC - 1
3560    IF NEC - 1 = 0 THEN LF = 0: GOTO 3580
3570    LF = LF + NFRE(K3)
3580    NEXT K3
3590    NXC = LF + 1: NYC = LF + 2: NMC = LF + 3
3600    NIC = NINF(6 * J - 5)
3610    ALF1 = NINF(6 * J - 4) * 3.14159 / 180
3620    ALF2 = NINF(6 * J - 3) * 3.14159 / 180
3630    X = NINF(6 * J - 1)
3640    Y = NINF(6 * J)
3650    IF NIC = 1 THEN 3660
3654    IF NIC = 2 THEN 3695
3656    IF NIC = 3 THEN 3760
3660    A(NXC, LC1) = COS(ALF1)
3670    A(NYC, LC1) = SIN(ALF1)
3675    NM0 = - Y * COS(ALF1) + X * SIN(ALF1)
3680    IF NFRE(NEC) = 3 THEN A(NMC, LC1) = NM0
3690    GOTO 3850
3695    REM PRINT # 2,"J","LS0"
3700    A(NXC, LC1) = COS(ALF1)
3710    A(NYC, LC1) = SIN(ALF1)
3720    A(NXC, LC2) = COS(ALF2)
3730    A(NYC, LC2) = SIN(ALF2)
3732    M10 = - Y * COS(ALF1) + X * SIN(ALF1)
3734    M20 = - Y * COS(ALF2) + X * SIN(ALF2)
3740    IF NFRE(NEC) = 3 THEN A(NMC, LC1) = M10: A(NMC, LC2) = M20
```

```
3750    GOTO 3850
3760    A(NXC, LC1) = COS(ALF1)
3770    A(NYC, LC1) = SIN(ALF1)
3780    A(NXC, LC2) = COS(ALF2)
3790    A(NYC, LC2) = SIN(ALF2)
3800    A(NXC, LC3) = 0
3810    A(NYC, LC3) = 0
3820    A(NMC, LC1) = - Y * COS(ALF1) + X * SIN(ALF1)
3830    A(NMC, LC2) = - Y * COS(ALF2) + X * SIN(ALF2)
3840    A(NMC, LC3) = 1
3850    NEXT J
3860    RETURN

4000    REM SUB - 04 FORM LOAD MATRIX B
4002    FOR I = 1 TO LEQ
4004    SR(I) = 0
4006    NEXT I
4010    FOR K = 1 TO NG
4020    NEG = NGP(K)
4030    NEK = NKP(K)
4040    NKF = NFRE(NEG)
4050    LK = 0
4060    FOR KP = 1 TO NEG - 1
4070    LK = LK + NFRE(KP)
4080    NEXT KP
4090    NXP = LK + 1
4100    NYP = LK + 2
4120    NMP = LK + 3
4130    IF NEK = 3 THEN 4230
4140    PX = GINF(5 * K - 4)
4150    PY = GINF(5 * K - 3)
4160    PM = GINF(5 * K - 2)
4170    X = GINF(5 * K - 1)
4180    Y = GINF(5 * K)
4190    SR(NXP) = SR(NXP) - PX
4200    SR(NYP) = SR(NYP) - PY
4210    IF NKF = 3 THEN SR(NMP) = SR(NMP) - ( - Y * PX + X * PY + PM)
4220    GOTO 4380
4230    Q = GINF(5 * K - 4)
4240    L = GINF(5 * K - 3)
4250    ALF = GINF(5 * K - 2) * 3. 14159 / 180
4260    ALF1 = ALF + 3. 14159 / 2
4270    X1 = GINF(5 * K - 1)
4280    Y1 = GINF(5 * K)
4290    QX = Q * L * COS(ALF)
4300    QY = Q * L * SIN(ALF)
4310    X2 = X1 + L * COS(ALF1)
4320    Y2 = Y1 + L * SIN(ALF1)
```

```
4330    XC = (X1 + X2)/2
4340    YC = (Y1 + Y2)/2
4350    SR(NXP) = SR(NXP) − QX
4360    SR(NYP) = SR(NYP) − QY
4370    SR(NMP) = SR(NMP) − ( − YC * QX + XC * QY)
4380    NEXT K
4390    RETURN

5000    REM SUB − 05 SOLVE EQUATION
5010    REM LEQ = 0
5020    REM FOR I = 1 TO NE
5030    REM LEQ = LEQ + NFRE(I)
5040    REM NEXT I
5050    FOR K1 = 1 TO LEQ − 1
5060    GOSUB 5500
5070    FOR J = K1 TO LEQ
5080    A(0, J) = A(K1, J)
5090    A(K1, J) = A(I1, J)
5100    A(I1, J) = A(0, J)
5110    NEXT J
5120    SR0 = SR(K1)
5130    SR(K1) = SR(I1)
5140    SR(I1) = SR0
5150    GOSUB 5600
5160    NEXT K1
5170    GOSUB 5900
5180    RETURN

5500    REM SUB − 05 − 01 FIND MAX. VALUE OF COLUMN
5510    J1 = K1
5520    FOR I = K1 TO LEQ
5530    IF I > K1 THEN 5560
5540    A1 = A(I, J1)
5550    I1 = I
5560    IF ABS(A1) − ABS(A(I, J1)) > = 0 THEN 5590
5570    A1 = A(I, J1)
5580    I1 = I
5590    NEXT I
5595    RETURN

5600    REM SUB − 05 − 02 FOR ELIMINATING
5610    FOR I = K1 + 1 TO LEQ
5620    A(I, K1) = A(I, K1)/A(K1, K1)
5630    NEXT I
5640    FOR I = K1 + 1 TO LEQ
5650    FOR J = K1 + 1 TO LEQ
5660    A(I, J) = A(I, J) − A(I, K1) * A(K1, J)
5670    NEXT J
```

```
5680    SR(I) = SR(I) - A(I, K1) * SR(K1)
5690    NEXT I
5700    RETURN

5900    REM SUB - 05 - 03 FOR BACKUP
5910    FOR II = 1 TO LEQ
5920    L1 = LEQ - (II - 1)
5930    C = 0
5940    FOR JJ = L1 + 1 TO LEQ
5950    IF JJ > LEQ THEN 5980
5960    C = C + A(L1, JJ) * SR(JJ)
5970    NEXT JJ
5980    SR(L1) = (SR(L1) - C)/A(L1, L1)
5990    NEXT II
5995    RETURN

6000    REM SUB - 06 OUTPUT RESULTS
6006    LL = 0
6010    PRINT #2, "INTERNAL FORCES"
6020    FOR I = 1 TO MI
6030    MIC = MINF(5 * I - 4)
6035    LL = 0
6040    FOR JJ = 1 TO I - 1
6050    IF I - 1 = 0 THEN LL = 0: GOTO 6070
6060    LL = LL + MINF(5 * JJ - 4)
6070    NEXT JJ
6080    LS1 = LL + 1
6090    LS2 = LL + 2
6095    SL1 = SR(LS1): SL2 = SR(LS2)
6100    IF MIC = 1 THEN PRINT #2, I, "SR("; I; ") = "; SL1: GOTO 6120
6110    PRINT #2, "MI", I, "SX("; I; ") = "; SL1, "SY("; I; ") = "; SL2
6120    NEXT I
6130    PRINT #2, "REACTION FORCES"
6140    LS0 = 0: LC = 0
6150    FOR II = 1 TO MI
6160    LS0 = LS0 + MINF(5 * II - 4)
6170    NEXT II
6180    FOR JJ = 1 TO NC
6190    NIC = NINF(6 * JJ - 5)
6195    LC = 0
6200    FOR KK = 1 TO JJ - 1
6210    IF JJ - 1 = 0 THEN LC = 0: GOTO 6230
6220    LC = LC + NINF(6 * KK - 5)
6230    NEXT KK
6240    LC1 = LS0 + LC + 1
6250    LC2 = LS0 + LC + 2
6260    LC3 = LS0 + LC + 3
6270    IF NIC = 3 THEN 6290
```

```
6272        IF NIC = 2 THEN 6280
6275        PRINT #2, "NC"; JJ; "S("; JJ; ") = "; SR(LC1): GOTO 6300
6280        PRINT #2, "NC"; JJ; "RX("; JJ; ") = "; SR(LC1),
6285        PRINT #2, " RY("; JJ; ") = "; SR(LC2): GOTO 6300
6290        PRINT #2, "NC"; JJ; "RX("; JJ; ") = "; SR(LC1),
6293        PRINT #2, "RY("; JJ; ") = "; SR(LC2),
6295        PRINT #2, "M"; JJ; " = "; SR(LC3)
6300        NEXT JJ
6310        RETURN
```

例 4.3 已知平面物系结构与载荷如图 4.9 所示,其中 A、B、C、D 分别是固定支座和中间铰链,AC 杆上开有滑槽,DF 杆上的销钉 E 可在滑槽中滑动。试求 A、B、C、D、E 处的约束反力。

解 (1)物系的物体、约束及载荷编号如图 4.9 所示。其中刚体编号为 1、2、3;内部约束编号为 MI1、MI2、MI3;外部约束编号为 NC1、NC2;载荷编号为 NGP1,下同。

(2)数据文件见表 4.1

(3)运行结果见例 4.3 的结果文件。

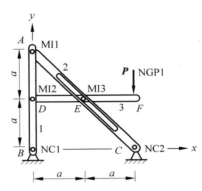

图 4.9 物系结构、约束及载荷编号

表 4.1 例 4.3 的数据文件

序号	变量/数组	数据文件 EXPC43.DAT
1	NE,MI,NC,NG	DATA 3,3,2,1
2	NKP(NG)	DATA 2
3	NFRE(NE)	DATA 3,3,3
4	MINF(5×MI)	DATA 2,0,90,0,2 2,0,90,0,1 1,45,0,1,1
5	MP(2×MI)	DATA 1,2,1,3,2,3
6	NINF(6×NC)	DATA 2,0,90,0,0,0 2,0,90,0,2,0
7	NP(NC)	DATA 1,2
8	NGP(NG)	DATA 3
9	GINF(5×NG)	DATA 0,−1,0,2,1

例 4.3 的结果文件:

NE = 3	MI = 3	NC = 2	NG = 1
I	NKP(I)		
2			

```
I                NFRE(I)
 3
 3
 3
I                MINF(I)
 1               2  0  90  0  2
 2               2  0  90  0  1
 3               1  45  0  1  1
NUMBER OF BODY RELATED BY MI
I                MP(I)
 1               2
 1               3
 2               3
THE INFORMATION ABOUT CONSTRICTION
I                NINF(I)
 1               2  0  90  0  0  0
 2               2  0  90  0  2  0
I                NP(I)
 1               1
 2               2
I                NGP(I)
 1               3
INFORMATION ABOUT LOAD
I                GINF(5 * I)
 1               0  - 1  0  2  1
INTERNAL FORCES
MI         1         SX( 1 ) = - 1.00000000000088    SY( 1 ) = - 1.00000000000088
MI         2         SX( 2 ) =   2.00000132679666    SY( 2 ) =   1.00000000000088
MI         3         SR( 3 ) = - 2.82842900111939
REACTION FORCES
NC 1 RX( 1 ) = - 1.00000132679578                RY( 1 ) = 0
NC 2 RX( 2 ) =   1.00000000000088                RY( 2 ) =   1.00000000000088
```

例 4.4　已知物系结构如图 4.10 所示，A、B、D 分别是固定支座和活动支座，C 是中间铰链，试求 A、B、C、D 处的约束反力。

解　（1）物系的物体、约束及载荷编号如图 4.10 所示。

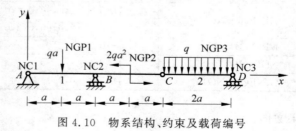

图 4.10　物系结构、约束及载荷编号

（2）数据文件见表 4.2。

（3）运行结果见例 4.4 的结果文件。

表 4.2 例 4.4 的数据文件

序号	变量/数组	数据文件 EXPC44.DAT
1	NE,MI,NC,NG	DATA 2,1,3,3
2	NKP(NG)	DATA 2,1,3
3	NFRE(NE)	DATA 3,3
4	MINF(5×MI)	DATA 2,0,90,0,4,0
5	MP(2×MI)	DATA 1,2
6	NINF(6×NC)	DATA 2,0,90,0,0,0 1,90,0,0,2,0 1,90,0,0,6,0
7	NP(NC)	DATA 1,1,2
8	NGP(NG)	DATA 1,1,2
9	GINF(5×NG)	DATA 0,−1,0,1,0 0,0,2,3,0 1,2,−90,4,0

例 4.4 的结果文件：

```
NE = 2        MI = 1        NC = 3        NG = 3
I             NKP(I)
 2
 1
 3
I             NFRE(I)
 3
 3
I             MINF(I)
 1              2   0  90   4   0
NUMBER OF BODY RELATED BY MI
I             MP(I)
 1              2
THE INFORMATION ABOUT CONSTRICTION
I             NINF(I)
 1              2   0  90   0   0   0
 2              1  90   0   0   2   0
 3              1  90   0   0   6   0
I             NP(I)
 1              1
 2              1
 3              2
I             NGP(I)
 1              1
 2              1
 3              2
```

```
INFORMATION ABOUT LOAD
I            GINF(5 * I)
 1            0 - 10  1  0
 2            0   0  2  3  0
 3            1   2 - 90 4  0
INTERNAL FORCES
MI           1      SX( 1 ) = 5.30717958671012E - 06       SY( 1 ) = - 1
REACTION FORCES
NC 1 RX( 1 ) = - 6.63397448338882E - 06      RY( 1 ) = .50000000000132
NC 2 S( 2 ) =   1.49999999999956
NC 3 S( 3 ) =   1
```

例 4.5　已知物系结构如图 4.11 所示,其中 A 是固定端,B 是活动支座,C 是中间铰链,$q_1 = 20$kN/m,$q_2 = 40$kN/m,$P = 20$kN,$M = 60$kN·m,试求 A、B、C 处的约束反力。

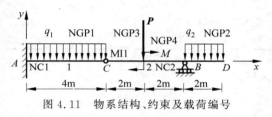

图 4.11　物系结构、约束及载荷编号

解　(1) 物系的物体、约束及载荷编号如图 4.11 所示。
(2) 数据文件见表 4.3。
(3) 运行结果见例 4.5 的结果文件。

表 4.3　例 4.5 的数据文件

序号	变量/数组	数据文件 EXPC45. DAT
1	NE,MI,NC,NG	DATA　2,1,2,4
2	NKP(NG)	DATA　3,3,2,1
3	NFRE(NE)	DATA　3,3
4	MINF(5×MI)	DATA　2,0,90,4,0
5	MP(2×MI)	DATA　1,2
6	NINF(6×NC)	DATA　3,0,90,1,0,0 1,90,0,0,8,0
7	NP(NC)	DATA　1,2
8	NGP(NG)	DATA　1,2,2,2
9	GINF(5×NG)	DATA　20,4,-90,0,0 40,2,-90,8,0 0,-20,0,6,0 0,0,-60,6,0

例 4.5 的结果文件：

```
NE = 2        MI = 1        NC = 2         NG = 4
I            NKP(I)
 3
 3
 2
 1
I            NFRE(I)
 3
 3
I            MINF(I)
 1            2  0  90  4  0
NUMBER OF BODY RELATED BY MI
I            MP(I)
 1            2
THE INFORMATION ABOUT CONSTRICTION
I            NINF(I)
 1            3  0  90  1  0  0
 2            1  90  0  0  8  0
I            NP(I)
 1            1
 2            2
I            NGP(I)
 1            1
 2            2
 3            2
 4            2
INFORMATION ABOUT LOAD
I            GINF(5 * I)
 1            20    4  - 90   0  0
 2            40    2  - 90   8  0
 3             0  - 20    0   6  0
 4             0    0  - 60   6  0
INTERNAL FORCES
MI        1    SX( 1 ) = 2.38823081401979E - 04    SY( 1 ) = 25.0000000000044
REACTION FORCES
NC 1 RX( 1 ) = - 4.51110264870384E - 04       RY( 1 ) = 54.9999999999956
M 1 = 59.9999999999295
NC 2 S( 2 ) =   125.000000000022
```

例 4.6 已知物系结构如图 4.12 所示，A、B、C、D 分别是固定支座和活动支座，E、F、G 是中间铰链，$P=20\text{kN}$，$Q=10\text{kN}$，试求 A、B、C、D、E、F、G 处的约束反力。

解　（1）物系的物体、约束及载荷编号如图 4.12 所示。

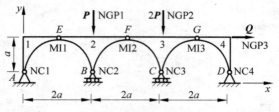

图 4.12　物系结构、约束及载荷编号

（2）数据文件见表 4.4。

（3）运行结果见例 4.6 的结果文件。

表 4.4　例 4.6 的数据文件

序号	变量/数组	数据文件 EXPC46.DAT
1	NE,MI,NC,NG	DATA　4,3,4,3
2	NKP(NG)	DATA　2,2,2
3	NFRE(NE)	DATA　3,3,3,3
4	MINF(5×MI)	DATA　2,0,90,1,1 2,0,90,3,1 2,0,90,5,1
5	MP(2×MI)	DATA　1,2,2,3,3,4
6	NINF(6×NC)	DATA　2,0,90,0,0,0 1,90,0,0,2,0 1,90,0,0,4,0 2,0,90,0,6,0
7	NP(NC)	DATA　1,2,3,4
8	NGP(NG)	DATA　2,3,4
9	GINF(5×NG)	DATA　0,−20,0,2,1 0,−40,0,4,1 10,0,0,6,1

例 4.6 的结果文件：

```
NE = 4      MI = 3        NC = 4        NG = 3
I           NKP(I)
 2 , 2 , 2
I           NFRE(I)
 3 , 3 , 3 , 3
I           MINF(I)
 1            2  0  90  1  1
```

```
2            2  0  90  3   1
3            2  0  90  5   1
NUMBER OF BODY RELATED BY MI
I            MP(I)
1            2
2            3
3            4
THE INFORMATION ABOUT CONSTRICTION
I            NINF(I)
1            2   0  90  0  0  0
2            1  90   0  0  2  0
3            1  90   0  0  4  0
4            2   0  90  0  6  0
I            NP(I)
1            1
2            2
3            3
4            4
I            NGP(I)
1            2
2            3
3            4
INFORMATION ABOUT LOAD
I            GINF(5 * I)
1            0  -20   0  2  1
2            0  -40   0  4  1
3           10    0   0  6  1
INTERNAL FORCES
MI      1        SX( 1 ) = 5.00003316966118    SY( 1 ) = 5.00003980369287
MI      2        SX( 2 ) = 5.00000663376325    SY( 2 ) = -5.00007960769821
MI      3        SX( 3 ) = 4.99995356196738    SY( 3 ) = 5.00003980400975
REACTION FORCES
NC 1 RX( 1 ) = -5.00003316966118         RY( 1 ) = -5.00003980369287
NC 2 S( 2 ) =  30.0001194114087
NC 3 S( 3 ) =  29.9998805883272
NC 4 RX( 4 ) = -5.00004643803262         RY( 4 ) = 5.00003980400975
```

例 4.7　已知物系结构如图 4.13 所示，A、B 分别是固定支座和活动支座，H 是中间铰链，E、F 是节点，AE、CE、EF、DF 均是不计自重的二力杆。$P_1 = 60\text{kN}$，$P_2 = 60\text{kN}$，$P_3 = 70\text{kN}$，试求 A、B、H 处的约束反力与各杆的内力。

解　（1）物系结构（含节点 E、F）、约束及载荷编号如图 4.13 所示，其中杆件不编号。

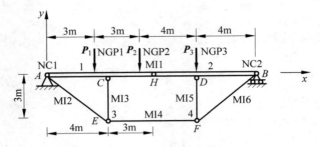

图 4.13　物系结构、约束及载荷编号

（2）数据文件见表 4.5，其中内部约束信息 MI2～MI6 的坐标按小号码刚体给出，下同。

（3）运行结果见例 4.7 的结果文件。

表 4.5　例 4.7 的数据文件

序号	变量/数组	数据文件 EXPC47. DAT
1	NE,MI,NC,NG	DATA　4,6,2,3
2	NKP(NG)	DATA　2,2,2
3	NFRE(NE)	DATA　3,3,2,2
4	MINF(5×MI)	DATA　2,0,90,7,0,1,−36.8,0,0,0,1,−90,0,4,0, 1,0,0,4,−3,1,−90,0,10,0,1,−143,0,14,0
5	MP(2×MI)	DATA　1,2,1,3,1,3,3,4,2,4,2,4
6	NINF(6×NC)	DATA　2,0,90,0,0,0,1,90,0,0,14,0
7	NP(NC)	DATA　1,2
8	NGP(NG)	DATA　1,1,2
9	GINF(5×NG)	DATA　0,−60,0,3,0,0,−60, 0,6,0, 0,−70,0,10,0

例 4.7 的结果文件：

```
NE = 4        MI = 6          NC = 2            NG = 3
I             NKP(I)
 2 , 2 , 2
I             NFRE(I)
 3 , 3 , 2 , 2
I             MINF(I)
1             2     0    90    7    0
2             1  − 36.87  0    0               0
```

3		1	− 90	0	4	0	
4		1	0	0	4	− 3	
5		1	− 90	0	10	0	
6		1	− 143	0	14		0

NUMBER OF BODY RELATED BY MI

I		MP(I)			
1		2 , 1	3, 1	3 , 3	4
2		4 , 2	4		

THE INFORMATION ABOUT CONSTRICTION

I		NINF(I)					
1		2	0	90	0	0	0
2		1	90	0	0	14	0

I		NP(I)
1		1
2		2

I		NGP(I)
1		1
2		1
3		2

INFORMATION ABOUT LOAD

I		GINF(5 * I)				
1		0	− 60	0	3	0
2		0	− 60	0	6	0
3		0	− 70	0	10	0

INTERNAL FORCES

MI	1	SX(1) =− 136.343050579095	SY(1) = 18.7098719286976
MI	2	SR(2) = 170.429257778828	
MI	3	SR(3) =− 102.257724124898	
MI	4	SR(4) = 136.343143454737	
MI	5	SR(5) =− 102.742275875282	
MI	6	SR(6) = 170.72021218099	

REACTION FORCES

NC 1 RX(1) =− 2.52091030368953E − 04   RY(1) = 101.290128071408

NC 2 S(2) = 88.7098719287592

习题

习题 **4.1** 已知平面物系如图所示，P 力作用线过 A 点，B、D 是固定支座，A、C、E、F 均是中间铰链，EF 是不计自重的二力杆，与水平方向夹角为 $45°$。试求 A、B、C、D 的约束反力及 EF 杆的内力。

习题 4.2　已知物系结构如图所示,其中铅直方向作用力可以认为作用于刚体 IF 上,A、B 是固定支座,C、D、E、F、G、H、I 是中间铰链。试求 A、B、C、D、E、F、G、H、I 处的约束反力。

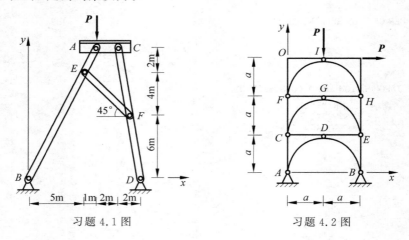

习题 4.1 图　　　　　　　　　　　习题 4.2 图

习题 4.3　已知物系结构如图所示,其中 B、D 是固定支座,A、C、E、F 均是中间铰链,EF 是不计自重的二力杆,P 力作用于 AC 杆的中点。试求 A、B、C、D 处的约束反力及 EF 杆的内力。

习题 4.4　已知物系结构如图所示,B、C 分别是固定支座和活动支座,A、D、E 均是中间铰链。试求 A、B、C、D、E 处的约束反力。

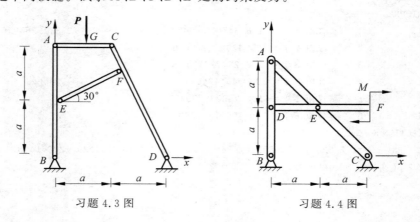

习题 4.3 图　　　　　　　　　　　习题 4.4 图

习题 4.5　已知物系结构如图所示,A 是固定端,C 是活动支座,B 是中间铰链。试求 A、B、C 处的约束反力。

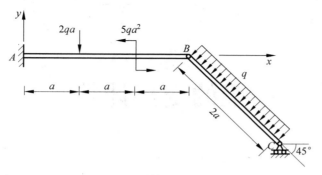

习题 4.5 图

第5章

梁的变形计算

5.1　梁变形计算的基本理论

梁的变形计算是材料力学的一个重要内容,在工程实际应用中也具有十分重要的意义。计算梁的变形已有多种算法,各自具有不同的特点,简述如下。

5.1.1　积分法

积分法从小变形的弯矩曲率关系出发

$$M(x) = EIy'' \tag{5-1}$$

若梁在某段中,$x_1 \leqslant x \leqslant x_2$,$EI$ 为常数,两次积分式(5-1),可得到该段梁轴线的挠曲线方程。

$$y = \frac{1}{EI} \int \left[\int M(x) \mathrm{d}x \right] \mathrm{d}x + C_1 x + C_2, \quad x_1 \leqslant x \leqslant x_2 \tag{5-2}$$

式(5-2)中的 C_1、C_2 是积分常数,可根据边界条件及连续性条件来确定。

积分法是梁变形计算的基本方法,不仅自身独立,还可以求出梁各段挠曲线方程,也可用于求待定点的挠度和转角。但由于在式(5-2)中含有待定参数,须通过边界条件及连续性条件加以确定。当梁上载荷多,分段数多时,计算量大也极易出错。该方法主要用于解静定问题,也可以用来解超静定问题,在解决实际问题中应用较少。

5.1.2　叠加法

叠加法基于双线性假设,是在叠加原理成立条件下的一种求梁变形的方法。在梁的变形计算中,叠加法根据载荷叠加、变形叠加方法求得梁在多个载荷作用下的变形。在做法上,叠加法先利用载荷叠加把在多个载荷作用下梁的变形计算化为单个载荷作用下梁的变形计算问题,求得单个载荷作用下梁的变形之后,再利用变形叠加求出梁在多个载荷作用下的最终变形。叠加法较多用于求特定点的变形,在计算中应注意当量代换。由于叠加法自身不独立,其变形计算过程依赖于用积分法得到的变形表。同积分法一样,对于载荷较多的问题,计算量较大手算较为困难。

5.1.3　能量方法

能量方法是一种十分重要的方法,能量方法不仅可解线性问题,还可以解非线性问题。通过能量法的学习,学生不仅可学到用能量法解梁变形的具体方法,也为进一步学习变分原理及有限元打下良好基础,其意义在某种程度上已经超过了解梁变形问题自身。

从虚位移原理出发,可以导出多种求梁变形的方法,从余能出发可以导出卡氏第二定理。能量方法的优点还在于其不仅可以解静定问题,还可以解超静定问题。

1. 莫尔积分(单位载荷法)

对于杆系结构的一般变形问题,包括杆件的轴向拉伸、梁的弯曲及圆轴的扭转问题,若不计剪切,其表达式为

$$1 \cdot \Delta_i = \sum \int \frac{NN^\circ}{EA}\mathrm{d}x + \sum \int \frac{MM^\circ}{EI}\mathrm{d}x + \sum \int \frac{TT^\circ}{GI_P}\mathrm{d}x \qquad (5\text{-}3)$$

式中,N、M、T 分别是杆件载面上的轴力、弯矩及扭矩,N°、M°、T° 分别是相应的单位力对应的轴力、弯矩及扭矩,Δ_i 是 i 截面处的某一种变形。

对于弯曲问题,式(5-3)简化为

$$1 \cdot \Delta_i = \sum \int \frac{MM^\circ}{EI}\mathrm{d}x \qquad (5\text{-}4)$$

莫尔积分的优点是解法灵活,适于解特定点的变形,缺点是计算一点变形,要通过分段积分求得。此外,按式(5-4)要求,还要先求出 M,M° 的表达式。当梁上载荷较多时还要经过大量计算,而且也易出错。

2. 图乘法

对莫尔积分中由等截面直杆构成的结构,求位移时,当真实载荷和单位力载荷的内力图其中之一为直线时,可利用内力图的图形互乘计算式(5-3)、(5-4)的积分。图乘法本质上属于莫尔积分,这种方法对求特定点变形较为有效,在计算时应注意分段、符号规定以及内力图的图形、形心位置计算等问题。由于图乘法源于莫尔积分,优缺点同莫尔积分。

3. 卡氏第二定理

考虑线弹性问题，

$$U^* = U \tag{5-5}$$

式中，U^* 是余应变能，U 是应变能，由卡氏第二定理有

$$\Delta_i = \frac{\partial u}{\partial P_i} \tag{5-6}$$

式中，Δ_i 是待求的位移，P_i 是与 Δ_i 对应的载荷，当结构在待求位移点的相应方向无载荷时，可先施加以相应载荷，求导后再令其为零。使用式(5-6)求变形时应根据具体情况算出应变能，再通过对相应载荷求偏导得到相应的变形。对于梁的弯曲变形问题，当梁上载荷种类、数量较多时 U 的计算较为困难。在实际使用中，通常先对 U 中相应的载荷求偏导，再计算有关积分，其计算过程与莫尔积分相同。卡氏第二定理的优点是对变形的形式无限制，式(5-6)可用于杆件拉伸、梁的弯曲、圆轴的扭转与各种组合变形，缺点是 U 的计算与载荷结构关系较大，计算有一定的技巧性，通用性差。

5.1.4　三弯矩方程

对于连续梁问题，三弯矩方程通常是将连续梁化为多个截面弯矩未知的简支梁，利用原连续梁中间支座转角连续条件，即相对转角为零的条件建立求解方程，算式略。

三弯矩方程是解连续梁的有效方法，且容易画出梁的弯矩图。但是当梁的超静定次数较高时，三弯矩方程的系数较难计算，利用图乘法计算系数要画较多的弯矩图，弯矩图图形面积与形心位置计算因题而异，不易编程电算。当梁的支座高度不同时，还应对三弯矩方程进行修正。此外，三弯矩方程的直接计算结果是截面弯矩，对连续梁进行变形计算时还要在三弯矩方程计算结果基础上进行二次计算。目前尚未见到在电算中采用三弯矩方程的做法。

5.1.5　有限差分法

有限差分法是一种数值方法，其基本思想是用一系列差分方程代替微分方程，把求解微分方程的问题转化为求解线性代数方程组的问题。求解时，有限差分法是把挠曲线的导数表示为差分点的差分方程，进而建立差分方程组。求解差分方程，可得差分点位移。当差分步长较小时可以得到较为精确的结果。差分法格式统一，容易编制电算程序，范钦珊教授采用有限差分法分别编制了计算简支梁和外伸梁变形的程序。

使用差分法的优点是可以较方便地解决变截面梁的变形计算问题，但由于有

限差分法要求截面弯矩已知,一般用于静定梁的变形计算,进行适当改造,也可以用差分法解超静定梁的变形。而且在外伸梁的变形计算中,要将线性代数方程组的系数矩阵及位移列向量进行分块求解,其格式与简支梁稍有不同,编程时需要分别处理,通用性差一些。

5.1.6 矩阵位移法

矩阵位移法是以位移为基本未知量,通过建立节点平衡方程最终建立结构的刚度方程:

$$K\delta = R \tag{5-7}$$

式(5-7)中,K 是系统总刚度矩阵,由单元刚度矩阵组集而成;R 是载荷列阵;δ 是节点位移列阵。解矩阵方程可以得到单元节点位移和杆端力。矩阵位移法格式统一,易于编制电算程序,清华大学薛克宗曾采用矩阵位移法在理论力学中开展了计算机教学。由于矩阵位移法不能像有限元法那样采用形函数处理非节点载荷,将非节点载荷移植到节点时,需要利用有关表格计算固端反力。沈锦英在用矩阵位移法解连续梁时需要人工输入固端反力,范钦珊教授在用矩阵位移法解连续梁问题时,在程序中预先输入三种载荷的固端反力,当梁上载荷不属于程序内的三种反力时还需要人工输入固端反力。

矩阵位移法在做法上与有限元法相同,但因受处理非节点载荷的限制,矩阵位移法的单元划分不如有限元法灵活,多数情况是将两支座间的一段梁当作一个单元,当支座跨度较大时计算精度下降。由于受单元划分的影响,矩阵位移法输出的位移(指横向位移)多数是已知的零位移,求超静定梁挠度的最大值或进行刚度设计时,还要在矩阵位移法计算的基础上进行二次计算,使用上稍有不便。

由上述可见,在梁的变形计算中的多种算法中,数值方法格式统一,易于编程电算,但是差分法属于数值解法,与解析法在性质上不同,矩阵位移法自身不独立,在应用上受到一些限制;解析法中的各种算法一般只适用于手算且限于载荷种类和数量较少的梁变形问题。各种算法与梁的载荷与结构的关系较大,一般依赖于梁的截面弯矩计算,各种算法之间差别较大,各有一定的适用范围,较难将各种算法统一起来,编制程序也较为困难。开展梁变形计算的电算教学应在上述各种算法基础上,寻求一种通用性好、算法独立且易于编程的算法。

5.2 计算梁变形的固定端法

对于静定梁的变形计算虽已有较多算法,但大多适用于手算,当梁上载荷较多时,手算较为困难,而且除积分法外,其他各种算法一般仅适用于计算特定点的变形,无法将截面的挠度和转角表示为截面位置 X 的函数,也不便求出挠度的最大值。实际上,由于静定梁包括简支梁和外伸梁,任一截面的变形只有挠度和转角两个未知量,而支座处的位移边界条件也正好有两个,如果能够根据支座处的位移边界条件列出包含梁截面未知挠度和转角的求解方程,便可将挠度和转角求出。固定端法的基本思想就是用支座处的位移边界条件计算梁上任一截面挠度和转角的一种算法。

5.2.1　相对变形与绝对变形计算

自某一梁载荷结构中取出一段梁 AB,其上作用集中力偶 M、集中力 P 和分布载荷 q,如图 5.1 所示。

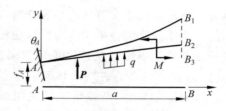

图 5.1　相对变形与绝对变形

设 A 截面的挠度和转角分别为 f_A、θ_A,在小变形的条件下,B 截面相对于 A 截面的挠度和转角及 B 截面的绝对挠度和转角可以由叠加法求出:

$$f_{BA} = \theta_A \cdot l + f_{BA}^M + f_{BA}^P + f_{BA}^q \tag{5-8}$$

$$\theta_{BA} = \theta_{BA}^M + \theta_{BA}^P + \theta_{BA}^q \tag{5-9}$$

式中,θ_A 是 A 截面的绝对转角;f_{BA}^M、f_{BA}^P、f_{BA}^q、θ_{BA}^M、θ_{BA}^P、θ_{BA}^q 分别是由外载荷 M、P、q 作用而产生的 A、B 两截面的相对挠度和相对转角。

$$f_B = f_A + f_{BA} \tag{5-10}$$

$$\theta_B = \theta_A + \theta_{BA} \tag{5-11}$$

由式(5-10)、式(5-11)可以看出,B 截面的挠度和转角依赖于 A 截面的挠度和转角与 A、B 两截面间的相对变形。当 A 截面的挠度和转角均为零时,式(5-10)、式(5-11)即为通常固定端梁的变形计算。

5.2.2　广义固定端梁的概念

为了将固定端梁的变形计算方法用于简支梁和外伸梁的变形计算,以下给出广义固定端的概念。

广义固定端是指所取一段梁,参考截面的挠度和转角不全为零的情形,常见广义固定端见图 5.2。由广义固定端概念可见,常见固定端是广义固定端挠度和转角均为零的特殊情况。

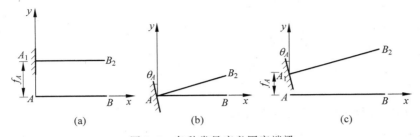

图 5.2　各种常见广义固定端梁
（a）挠度不为零；（b）转角不为零；（c）挠度、转角不为零

5.2.3　分类载荷作用下固定端梁的变形计算

当梁上作用有多个载荷时，依叠加法，在小变形的条件下，梁上任一截面的挠度和转角的计算可化为单个载荷作用下的变形计算，求出单个载荷作用下梁任一截面的挠度和转角之后，再使用叠加法求出梁在多个载荷作用下任一截面的挠度和转角。

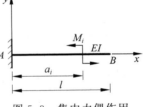

图 5.3　集中力偶作用

1. 集中力偶作用下梁的变形计算

设某一固定端梁，梁上作用有集中力偶 M_i，作用位置为 a_i，$i = 1, 2, \cdots, n$，见图 5.3。分别取 $x \leqslant a_i$，$a_i \leqslant x \leqslant l$，设梁的抗弯刚度 EI 不变，可以得到

$$\theta(x) = \sum \frac{M_i x}{EI}, \quad x \leqslant a_i \tag{5-12a}$$

$$f(x) = \sum \frac{M_i x^2}{2EI}, \quad x \leqslant a_i \tag{5-12b}$$

$$\theta(x) = \sum \frac{M_i a_i}{EI}, \quad a_i \leqslant x \leqslant l \tag{5-13a}$$

$$f(x) = \sum \frac{M_i a_i}{EI}\left[\frac{a_i}{2} + (x - a_i)\right], \quad a_i \leqslant x \leqslant l \tag{5-13b}$$

2. 集中力作用下梁的变形计算

设某一固定端梁，梁上作用有集中力 P_i，作用位置为 b_i，$i = 1, 2, \cdots, j$，见图 5.4，仿照上面做法可得

$$\theta(x) = \sum \frac{P_i x}{EI}\left[\frac{x}{2} + (b_i - x)\right], \quad x \leqslant b_i \tag{5-14a}$$

$$f(x) = \sum \frac{P_i x^2}{EI} \left[\frac{x}{3} + \frac{1}{2}(b_i - x) \right], \quad x \leqslant b_i \tag{5-14b}$$

$$\theta(x) = \sum \frac{P_i b_i}{2EI}, \quad b_i \leqslant x \leqslant l \tag{5-15a}$$

$$f(x) = \sum \frac{P_i b_i^2}{EI} \left[\frac{b_i}{3} + \frac{1}{2}(x - b_i) \right], \quad b_i \leqslant x \leqslant l \tag{5-15b}$$

3. 均布载荷作用下梁的变形计算

设某一固定端梁，梁上作用有均布载荷 q_i，作用位置及分布长度分别为 c_i，d_i，$i = 1, 2, \cdots$，见图 5.5，根据 x 的不同取法分别取

$$x \leqslant c_i, \quad c_i \leqslant x \leqslant c_i + d_i, \quad c_i + d_i \leqslant x \leqslant l$$

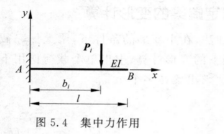
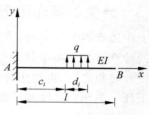

图 5.4　集中力作用　　　　　图 5.5　均布载荷作用

可以得到

$$\theta(x) = \sum \frac{q_i d_i x}{EI} \left[f_3 + \frac{x}{2} \right], \quad x \leqslant c_i \tag{5-16a}$$

$$f(x) = \sum \frac{q_i d_i x^2}{EI} \left[f_3 + \frac{x}{3} \right], \quad x \leqslant c_i \tag{5-16b}$$

其中 $f_3 = \dfrac{d_i}{2} + c_i - x$。 \tag{5-16c}

$$\theta(x) = \sum \frac{q_i}{EI} \left(\frac{x^3}{6} - \frac{c_i^3}{6} + \frac{f_4}{2} x^2 + \frac{f_4^2}{2} x \right), \quad c_i < x \leqslant c_i + d_i \tag{5-17a}$$

$$f(x) = \sum \frac{q_i}{EI} \left[x^2 \left(\frac{x^2}{6} + \frac{f_4}{3} x + \frac{f_4^2}{4} \right) - c_i^3 \left(\frac{c_i}{8} + x - \frac{c_i}{6} \right) \right], \quad c_i < x \leqslant c_i + d_i \tag{5-17b}$$

其中 $f_4 = c_i + d_i - x$。 \tag{5-17c}

$$\theta(x) = \sum \frac{q_i}{6EI} \left[f_5^3 - c_i^3 \right], \quad c_i + d_i < x \leqslant l \tag{5-18a}$$

$$f(x) = \sum \frac{q_i}{EI} \left[f_5^3 \left(\frac{f_5}{8} + \frac{h_i}{6} \right) - c_i^3 \left(\frac{c_i}{8} - \frac{x - c_i}{6} \right) \right], \quad c_i + d_i < x \leqslant l \tag{5-18b}$$

其中，$f_5 = c_i + d_i$，$h_i = x - c_i - d_i$。 　　　　　　　(5-18d)

5.2.4　固定端法

用固定端法计算静定梁的变形，可采用两种方法，一是直接算法，二是间接算法。直接算法的做法是直接将梁从待求挠度和转角的截面截开，利用两个支座的位移边界条件求出未知的挠度和转角；间接算法的做法是先求出没有外伸端支座处的转角，再由式(5-10)、式(5-11)求任一截面的挠度和转角。

1. 直接算法

设梁的载荷与结构如图5.6所示，当 $Q=0$，$l_1=0$ 时该梁退化为简支梁，将该梁从距 A 处为 x 的截面截开，可得到两个广义固定端梁，如图5.7所示。设 x 截面的未知挠度与转角为 f_0、θ_0，由式(5-10)可得

$$f_A = f_0 - \theta_0 \cdot x + \sum \Delta_A \qquad (5-19)$$

$$f_B = f_0 - \theta_0 \cdot (l-x) + \sum \Delta_B \qquad (5-20)$$

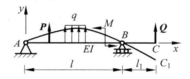

图5.6　静定梁载荷与结构

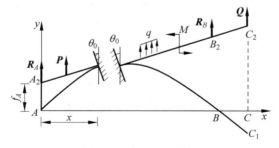

图5.7　广义固定端梁

式中，f_0、θ_0 分别是 x 截面待求的挠度和转角；$\sum \Delta_A$、$\sum \Delta_B$ 分别是截面一侧外载荷在 A、B 截面引起的挠度，由支座 A、B 处的位移边界条件式(5-19)、(5-20)、$f_A = 0$、$f_B = 0$，可得

$$\theta_0 = -\left(\sum \Delta_A - \sum \Delta_B\right)/l \qquad (5-21)$$

$$f_0 = -\left[\sum \Delta_A (x-l) - \sum \Delta_B \cdot x\right] \tag{5-22}$$

式(5-21)、式(5-22)中 $\sum \Delta_A$、$\sum \Delta_B$ 可由式(5-12)～式(5-18)各式求出。

2. 间接算法

对于图 5.6 所示的梁载荷结构,将广义固定端取在 A 截面,得到广义固定端

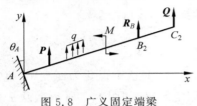

图 5.8　广义固定端梁

梁如图 5.8 所示,由式(5-10)可得

$$f_B = \theta_A \cdot l + \sum \Delta_B \tag{5-23}$$

式中,θ_A 是 A 截面未知转角;$\sum \Delta_B$ 是 A 截面右侧主动力和 B 支座约束反力在 B 截面引起的挠度。由位移边界条件 $f_B = 0$ 可得

$$\theta_A = -\sum \frac{\Delta_B}{l} \tag{5-24}$$

式中 $\sum \Delta_B$ 可由式(5-12)～式(5-18)求出。

求出 θ_A 后,便可计算梁上任一截面的挠度和转角,算法如下:不失一般性,距 A 截面为 x 处截取一段梁见图 5.9,由式(5-10)、式(5-11)可得

$$f(x) = \theta_A \cdot x + \sum \Delta_x^P + \Delta_x^{Q(x)} + \Delta_x^{M(x)} \tag{5-25}$$

$$\theta(x) = \theta_A + \sum \theta_x^P + \theta_x^{Q(x)} + \theta_x^{M(x)} \tag{5-26}$$

式中,$\sum \Delta_x^P$、$\sum \theta_x^P$ 分别是 x 截面左侧主动外力在 x 截面引起的挠度和转角; $\Delta_x^{Q(x)}$、$\Delta_x^{M(x)}$、$\theta_x^{Q(x)}$、$\theta_x^{M(x)}$ 分别是 x 截面内力在 x 截面引起的挠度和转角,图 5.9 中的截面内力 $Q(x)$、$M(x)$ 可按图 5.10 所示由平衡方程求出,推导略。

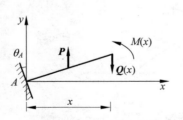

图 5.9　计算 $f(x)$,$\theta(x)$ 用广义固定端梁

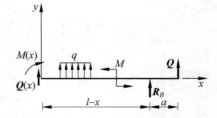

图 5.10　计算截面内力 $M(x)$、$Q(x)$

例 5.1　已知梁的载荷与结构如图 5.11 所示,设 $a > b$,求梁中点挠度、最大挠度及其位置。

解　取广义固定端梁如图 5.12 所示,由式(5-14a)、式(5-14b)可得

$$\sum \Delta_A^P = \frac{Pb}{3EIl} x^3$$

$$\sum \Delta_B^P = -\frac{P}{3EI}(a-x)^3 - \frac{Pb}{2EI}(a-x)^2 + \frac{Pa}{3EIl}(l-x)^3$$

将 $\sum \Delta_A^P$ 和 $\sum \Delta_B^P$ 代入式(5-22),并考虑到挠度取最大值时 $\theta_0 = 0$,所以:

$$x = \pm \sqrt{\frac{1}{3}(l^2 - b^2)}$$

取 $x = \sqrt{\frac{1}{3}(l^2 - b^2)}$ 代入 f_0 的表达式得到

$$f_{max} = -\frac{Pb\sqrt{(l^2-b^2)^3}}{9\sqrt{3}\,EIl}$$

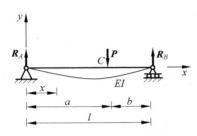

图 5.11　简支梁载荷与结构

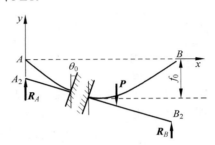

图 5.12　挠度和转角均不为零的广义固定端梁

例 5.2　已知外伸梁载荷结构如图 5.13 所示,试计算 A、B、C 截面的转角,AB 的挠曲线方程,C 截面的挠度。

解　取广义固定端梁如图 5.14 所示,按间接算法先求出式(5-24)中的 $\sum \dfrac{\Delta_B}{l}$,进而求出 θ_A

$$\sum \Delta_B^P = -\frac{Pl^2}{6EI}(3l + 3a - l) + \frac{R_B l^2}{6EI}(3l - l)$$

$$= -\frac{Pl^2}{6EI}(2l + 3a) + \frac{(l+a)l^2}{6EIl}2l = -\frac{Pl^2 a}{6EI}$$

$$\theta_A = -\sum \frac{\Delta_B^P}{l} = \frac{Pl^2 a}{6EIl} = \frac{Pla}{6EI}$$

由式(5-26)得

$$\theta_B = \theta_A + \sum \theta_B^P = \theta_A + \theta_B^P + \theta_B^{R_B} = \frac{Pla}{6EI} - \frac{P}{6EI}(3l^2 + 6la) + \frac{R_B}{6EI}3l^2$$

$$= -\frac{P}{6EI}(3l^2 + 5la) + \frac{P}{6EI}(3l^2 + 3la)$$

$$= -\frac{Pla}{3EI}$$

$$\theta_C = \theta_A + \sum \theta_C^P = \theta_A + \theta_C^P + \theta_C^{R_B} = \frac{Pla}{6EI} - \frac{P}{2EI}(l+a)^2 + \frac{R_B}{2EI}l^2$$

$$= \frac{P}{6EI}(la - 3l^2 - 6la - 3a^2 + 3l^2 + 3la)$$

$$= -\frac{Pa(2l+3a)}{6EI}$$

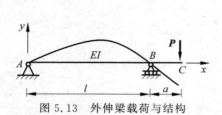

图 5.13　外伸梁载荷与结构

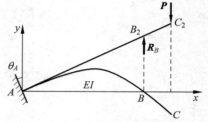

图 5.14　转角不为零的广义固定端梁

距 A 截面为 x 处截取一段梁,如图 5.15 所示,图中剪力 $Q(x)$ 和弯矩 $M(x)$ 可由图 5.16 求出。由式(5-25)得到

$$f(x) = \theta_A \cdot x + \Delta_x^{Q(x)} + \Delta_x^{M(x)}$$

$$= \frac{Pla}{6EI} \cdot x - \frac{Q(x)x^3}{3EI} + \frac{M(x)x^2}{2EI}$$

代入 $Q(x) = -\dfrac{a}{l}P$,$M(x) = -\dfrac{ax}{l}P$ 得

$$f(x) = \frac{Pla}{6EI} \cdot x + \frac{Pax^3}{3EIl} - \frac{Pax^3}{2EIl} = \frac{Pax}{6EIl}(l^2 - x^2)$$

$$f_C = \theta_A(l+a) + \Delta_C^{R_B} + \Delta_C^P$$

$$= \frac{Pla}{6EI}(l+a) + \frac{R_B l^2}{6EI}(3l + 3a - l) - \frac{P(l+a)^3}{3EI}$$

$$= \frac{Pla}{6EI}(l+a) + \frac{P(l+a)l^2}{6EIl}(2l + 3a) - \frac{P(l+a)^3}{3EI}$$

$$= -\frac{Pa^2(l+a)}{3EI}$$

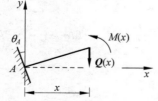

图 5.15　计算 $f(x),\theta(x)$ 用广义固定端梁

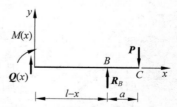

图 5.16　计算 $M(x)$、$Q(x)$ 用图

5.3　梁变形计算的通用算法

　　本节基于固定端方法及间接算法导出梁变形计算的通用方法,通用算法的基本思想是取广义固定端转角和支座反力为基本未知量,利用支座处的位移边界条件和力边界条件求出未知的转角和支座反力,进而求出梁上任一截面的挠度和转角。由于通用方法中的未知量包含转角和力,所以通用方法在本质上属于混合法。

5.3.1　广义固定端转角和支座反力计算

　　设梁结构及载荷如图 5.17 所示,按固定端法的间接算法取广义固定端梁如图 5.18 所示,由支座处的位移边界条件知:

$$\theta_O \cdot x_i + \sum a_{ij} P_j + \Delta_{iP} = y_i, \quad i = 1, 2, \cdots, n \tag{5-27}$$

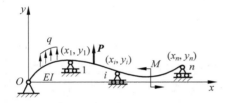

图 5.17　承受不同载荷、支座高度不同的连续梁　　　图 5.18　转角不为零的广义固定端梁

式中,θ_O 是广义固定端 O 处的未知转角; x_i、y_i 是支座的坐标; P_j 是未知的支座反力; Δ_{iP} 是 O 截面右侧主动外力在 i 截面引起的挠度; a_{ij} 是柔度系数,由下式确定:

$$a_{ij} = \frac{x_i^2}{6EI}(3x_j - x_i) \tag{5-28}$$

式中,EI 是梁的抗弯刚度,由功的互易定理可证 a_{ij} 是对称的。

　　由于式(5-27)有 n 个方程和 $n+1$ 个未知数,应再补充一个方程,使未知数个数与方程个数相同,由图 5.17 知 $M_O = 0$,所以由平衡方程 $\sum M_O = 0$,可得

$$\sum x_j P_j + \sum M_O(P) = 0 \tag{5-29}$$

式中,$\sum x_j P_j$ 是支座反力对 O 点力矩的代数和;$\sum M_O(P)$ 是 O 截面右侧主动外力对 O 点力矩的代数和,式(5-27)、式(5-29)的矩阵方程如下:

$$\boldsymbol{AP} = \boldsymbol{B} \tag{5-30}$$

其中:

$$\left\{
\begin{aligned}
\boldsymbol{A} &= \begin{vmatrix}
0 & x_1 & x_2 & \cdots & x_n \\
x_1 & a_{11} & a_{12} & \cdots & a_{1n} \\
x_2 & a_{21} & a_{22} & \cdots & a_{2n} \\
\vdots & \vdots & \vdots & & \vdots \\
x_n & a_{n1} & a_{n2} & \cdots & a_{nn}
\end{vmatrix} \quad (n+1)\times(n+1) \quad \text{对称} \\
\boldsymbol{P} &= \begin{bmatrix} \theta_O & P_1 & P_2 & \cdots & P_n \end{bmatrix}^{\mathrm{T}} \\
\boldsymbol{B} &= \begin{bmatrix} -\sum M_O(P) & y_1 - \Delta_{1P} & y_2 - \Delta_{2P} & \cdots & y_n - \Delta_{nP} \end{bmatrix}^{\mathrm{T}}
\end{aligned}
\right.
\tag{5-31}$$

解式(5-30)可求出广义固定端转角 θ_O 和支座反力 $P_j(j=1,2,\cdots,n)$。

5.3.2 梁上任一截面的挠度和转角计算

求得 θ_O 和 $P_j(j=1,2,\cdots,n)$ 后,便可将原支座高度不同的连续梁问题转化为转角已知的广义固定端梁在已知载荷作用下(包括原主动力和已求出的约束反力)的变形计算问题。此时梁上任一截面的挠度和转角计算,可按固定端梁的变形计算方法计算,实际计算时可采用两种方法。

1. 全梁变形计算法

如图 5.19 所示,计算任一截面 x 的变形(挠度和转角),变为求在已知载荷 M、P、q 和约束反力 $P_j(j=1,2,\cdots,n)$ 作用下 x 截面的挠度和转角计算,按 5.2 节分类载荷作用下的变形计算公式,并考虑到 x 截面与各分类载荷作用位置相对关系,选用式(5-12)~式(5-18)中的相应公式计算 $f(x)$、$\theta(x)$ 即可。

2. 部分梁变形计算法

由图 5.20,x 截面的挠度和转角由下式给出:

$$f(x) = \theta_O \cdot x + \sum_{j=1}^{K} a_{ij}P_j + \Delta_{xP} + \Delta_x^{Q(x)} + \Delta_x^{M(x)} \tag{5-32a}$$

$$\theta(x) = \theta_O + \sum_{j=1}^{K} b_{ij}P_j + \theta_{xP} + \theta_x^{Q(x)} + \theta_x^{M(x)} \tag{5-32b}$$

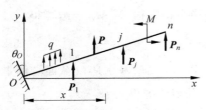 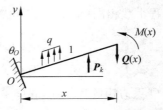

图 5.19　$f(x)$、$\theta(x)$计算(全梁变形计算法)　　图 5.20　$f(x)$、$\theta(x)$计算(部分梁变形计算法)

式中,$\theta_O \cdot x$、θ_O 分别是由于广义固定端的转角在 x 截面引起的挠度和转角;$\sum a_{ij}P_j$、$\sum b_{ij}P_j$ 分别是 x 截面左侧的支座反力在 x 截面引起的挠度与转角;Δ_{xP}、θ_{xP} 分别是 x 截面左侧的主动外力在 x 截面引起的挠度与转角;$\Delta_x^{Q(x)}$、$\Delta_x^{M(x)}$、$\theta_x^{Q(x)}$、$\theta_x^{M(x)}$ 分别是 x 截面内力在 x 截面引起的挠度与转角,其中 a_{ij}、b_{ij} 计算公式如下:

$$a_{ij} = \frac{x_j^2}{6EI}(3x - x_j) \tag{5-33}$$

$$b_{ij} = \frac{x_j^2}{2EI} \tag{5-34}$$

截面剪力与弯矩 $Q(x)$、$M(x)$ 可由原梁右边部分的平衡方程求出。

5.3.3 通用方法通用性的讨论

(1) 若 $y_i = 0 (i=1,2,\cdots,n)$,图 5.17 所示支座高度不同的连续梁化为图 5.21 所示的支座高度相同的连续梁。

(2) 若 $y_i = 0 (i=1,2,\cdots,n)$,P_k 未知,$P_j (j=1,2,\cdots,k-1,k+1,n)$ 已知,图 5.17 所示的梁化为图 5.22 所示的外伸梁。

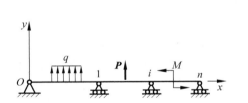

图 5.21 支座高度相同的连续梁

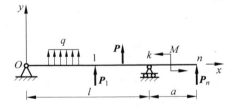

图 5.22 承受各种载荷的外伸梁

(3) 若 $y_i = 0 (i=1,2,\cdots,n)$,$P_j (j=1,2,\cdots,n-1)$ 已知,P_n 未知,图 5.17 所示的梁化为图 5.23 所示的简支梁。

(4) 若 $y_i = 0 (i=1,2,\cdots,n)$,$\theta_O = 0$,$P_j (j=1,2,\cdots,n)$ 已知,图 5.17 所示的梁化为图 5.24 所示的固定端梁。

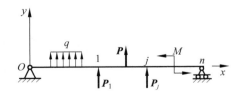

图 5.23 承受各种载荷的简支梁

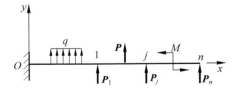

图 5.24 承受各种载荷的固定端梁

（5）若 $y_i=0(i=1,2,\cdots,n)$，$\theta_O=0$，图 5.17 所示的梁化为图 5.25 所示的左端固定的连续梁。此时式(5-31)中的 $\boldsymbol{A}$、$\boldsymbol{P}$、$\boldsymbol{B}$ 退化为下式：

$$\begin{cases} \boldsymbol{A}=\begin{vmatrix} a_{11} & a_{12} & \cdots & a_{1n} \\ a_{21} & a_{22} & \cdots & a_{2n} \\ \vdots & \vdots & & \vdots \\ a_{n1} & a_{n2} & \cdots & a_{nn} \end{vmatrix} \\ \boldsymbol{P}=[P_1,P_2,\cdots,P_n]^{\mathrm{T}} \\ \boldsymbol{B}=[y_1-\Delta_{1P},y_2-\Delta_{2P},\cdots,y_n-\Delta_{nP}]^{\mathrm{T}} \end{cases} \quad (5\text{-}35)$$

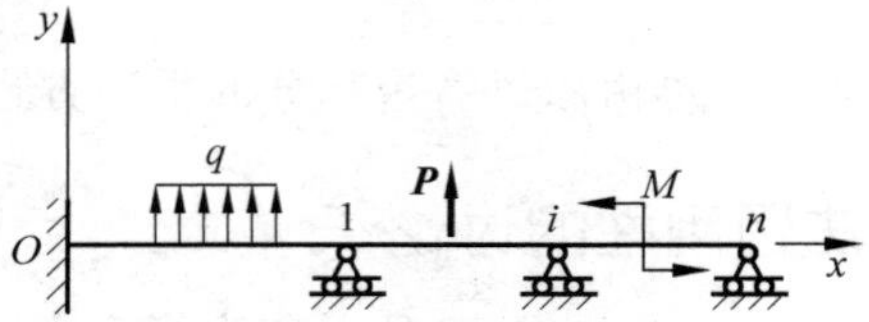

图 5.25　承受各种载荷一端固定的连续梁

由上述可知，通用方法考虑的梁结构图 5.17 是最一般情况，连续梁、外伸梁、简支梁、固定端梁和左端固定的连续梁都是图 5.17 的特例，分别对图 5.17 的位移边界条件和力边界条件做了限制。所以，通用方法可以用于任何形式梁的变形计算，并且因为通用方法的格式统一，编制程序也较为容易。

通用方法在计算梁变形时不再区分静定梁和超静定梁，而且方法自身独立，与其他已有的梁变形的各种算法相比优点明显，是一种较好的算法。此外，在简支梁和外伸梁的问题中，由于力与变形不再耦合（静定），也可先用平衡方程求出支座反力再进行变形计算。

5.4　梁变形计算的有限差分法

5.4.1　差分方程

由线性弯矩和曲率的关系可知：

$$EIy''=M(x),\quad y''=\frac{M(x)}{EI}$$

由三点公式，

$$f''(x)\approx L_2''(x)=\frac{1}{h^2}(f_0-2f_1+f_2)$$

设节点的编号为 $i-1$、i、$i+1$，则

$$y_{i-1} - 2y_i + y_{i+1} = h^2 \frac{M_i}{EI}, \quad i = 1, 2, \cdots, n-1$$

式中，y_{i-1}、y_i、y_{i+1} 是待求的截面位移；M_i 是截面弯矩；EI 是梁的抗弯刚度。

5.4.2　方程个数与未知数个数分析

考虑二段三节点问题 $i-1$、i、$i+1$，待求位移即未知数为 3 个，差分方程 1 个，需要补充 2 个条件。对于 n 段问题，有 $n+1$ 个未知数，差分方程个数为 $n-1$ 个，需要补充 2 个条件。

5.4.3　补充方程

补充方程与梁的结构形式有关。

1. 悬臂梁的补充方程和求解方程

由悬臂梁的边界条件：

$$y_0 = 0, \quad \theta_0 = y_0' = 0$$

代入二点公式：$y_0'(x) = \frac{1}{h}(y_1 - y_0)$，得

$$y_0 = 0, \quad y_1 = y_0 = 0, \quad \text{条件过于苛刻}$$

代入三点公式：$y'(x_0) = \frac{1}{2h}(-3y_0 + 4y_1 - y_2)$，得

$$y_0 = 0, \quad y_1 = \frac{1}{4}y_2 \quad (\text{补充方程})$$

所以悬臂梁的求解方程组为

$$\begin{cases} y_{i-1} - 2y_i + y_{i+1} = h^2 \dfrac{M_i}{EI}, \quad i = 1, 2, \cdots, n-1 \\ y_0 = 0, \quad y_1 = \dfrac{1}{4}y_2 \end{cases}$$

2. 简支梁和外伸梁的补充方程与求解方程组

补充方程为

$$y_A = 0, \quad y_B = 0$$

求解方程组为

$$\begin{cases} y_{i-1} - 2y_i + y_{i+1} = h^2 \dfrac{M_i}{EI}, \quad i = 1, 2, \cdots, n-1 \\ y_i = 0, \quad 0 \leqslant i \leqslant n-1 \\ y_k = 0, \quad 0 < k \leqslant n, \quad k = n \text{ 时为简支梁}, k < n \text{ 时为外伸梁} \end{cases}$$

例 5.3 悬臂梁在自由端受集中力作用时的变形计算

解 (1) 将梁分成三段,建立求解方程组

$$
\begin{cases}
y_0 - 2y_1 + y_2 = h^2 \dfrac{M_1}{EI}, & M_1 = -\dfrac{2}{3}pl, h = \dfrac{l}{3} \\[3mm]
y_1 - 2y_2 + y_3 = h^2 \dfrac{M_2}{EI}, & M_2 = -\dfrac{1}{3}pl \\[3mm]
y_0 = 0, \quad y_1 = \dfrac{1}{4}y_2
\end{cases}
$$

(2) 结果为

$$
y_0 = 0, \quad y_1 = -\frac{pl^3}{27EI}, \quad y_2 = -\frac{4pl^3}{27EI}, \quad y_3 = -\frac{8pl^3}{27EI}
$$

精确解:$y_B = -\dfrac{pl^3}{3EI}$,相对误差:$\delta = 11\%$。

读者可以按照上述方法,逐步提高分段数目,提高计算精度。当梁的分段数目较多时,可以编制计算程序进行计算。

5.5　电算方案选择

梁变形计算的通用计算方法具有通用性强,格式统一,自身独立,易于编程的特点,比较适合作为电算的算法。本节讨论电算方案的几个问题。

5.5.1　系数矩阵的特点与线性代数方程组的解法

由 5.3 节知,梁的变形计算分两步进行,即首先根据式(5-30)求出广义固定端转角和支座反力,再进行梁的变形计算。在解线性代数方程组求广义固定端转角和支座反力时应根据系数矩阵的特点选用合适的算法。由式(5-31)可知系数矩阵为一对称矩阵,但主对角线含有零元素,应采用列主元法解式(5-30)。解式(5-30)也可以采用高斯消去法,但式(5-31)的 **A**、**B** 阵均应做相应调整,如将 **A** 阵第一行放置在最后一行,将 **B** 阵的 $-\sum M_O(P)$ 放置最末一行。对于大型工程结构,考虑到 **A** 阵阶数较高时,需要存储较多元素,若按一维存储仅存上三角阵时,宜采用 **A** 阵的对称形式,此时应采用列主元法解式(5-30)。

5.5.2　关于简支梁与外伸梁变形的计算

对于简支梁与外伸梁问题,用式(5-30)求解,此时矩阵方程的 **A**、**P**、**B** 形式如下:

$$\begin{cases} \boldsymbol{A} = \begin{vmatrix} 0 & X_B \\ X_B & 0 \end{vmatrix}_{2\times 2 \text{对称}} \\ \boldsymbol{P} = \begin{bmatrix} \theta_O & R_B \end{bmatrix}^{\mathrm{T}} \\ \boldsymbol{B} = \begin{bmatrix} -\sum M_O(P) & -\Delta_{1P} \end{bmatrix}^{\mathrm{T}} \end{cases} \tag{5-36}$$

式中，R_B 是简支梁或外伸梁广义固定端右侧 B 支座的支座反力。

由于简支梁与外伸梁属于静定问题，可以先由平衡方程求出 B 支座反力 R_B，再由式(5-24)求出广义固定端转角 θ_O。

就程序设计而言，应挑选格式统一的方案以利于编程，比较简支梁与外伸梁变形计算的两种方法，按式(5-30)求解 θ_O 和 R_B 与连续梁变形计算的格式相同，而先求支反力 R_B 再由式(5-24)求 θ_O 的算法已与连续梁变形计算的格式有较大差异。所以在电算方案选择中应按式(5-30)计算简支梁与外伸梁的 θ_O 与 R_B。

5.5.3　梁上任一截面挠度和转角的计算

由 5.3 节知求出 θ_O 和 $P_j(j=1,2,\cdots,n)$ 以后，计算梁上任一截面的挠度和转角，可以取全梁为研究对象，如图 5.19 所示，按分类载荷作用下梁的变形计算公式进行计算，见式(5-12)～式(5-18)，也可以将梁从待求截面截开，取部分梁作为研究对象，如图 5.20 所示，按式(5-32a)、(5-32b)计算变形。

上述两种方法各有特点，取全梁按分类载荷公式计算变形，不涉及内力，只需将已求出的支座反力 $P_j(j=1,2,\cdots,n)$ 视为主动力，按照求主动力在给定截面挠度与转角的方法求解即可。

取部分梁的算法则需要求出截面内力，还要按式(5-33)、式(5-34)计算系数 a_{ij}、b_{ij}，才能求出指定截面的挠度和转角。

比较上述两种方法，第一种方法程序设计较为简单，第二种方法虽然程序设计稍微复杂，但对绘制剪力图，弯矩图有利。如果所给问题仅是计算变形，可以采用第一种方法，如果所给问题还涉及强度计算，可以选用第二种方法。

5.6　程序设计

5.6.1　程序设计的内容和主程序结构设计

梁变形通用计算方法的程序设计包括以下内容：

(1) 读入有关信息；

(2) 生成线性代数方程组的系数矩阵；

(3) 生成线性代数方程组右端项列阵；

（4）计算分类载荷（M,P,q）的挠度和转角；

（5）解线性代数方程组求广义固定端转角和支座反力；

（6）求梁上任一截面的挠度和转角；

（7）寻找挠度最大值及其位置；

（8）输出计算结果文件。

主程序流程图见图 5.26。

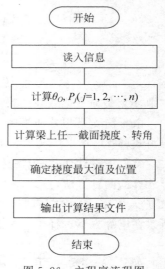

图 5.26　主程序流程图

5.6.2　读入有关信息

梁的信息包括控制信息、结构信息及载荷信息。控制信息包括分类载荷的个数、支座个数（不含广义固定端）、梁计算截面变形时的步长与分段数、梁的结构形式等。结构信息包括梁的抗弯刚度、梁长、梁支座的坐标等。载荷信息包括分类载荷的数值及作用位置。载荷的符号按右手坐标系 Oxy 规定，其中集中力 P 和分布载荷集度 q 与坐标轴 y 同向取正号，与坐标轴 y 反向取负号，集中力偶 M 逆时针为正，顺时针为负。程序 PCDB 中有关信息变量及数组名见表 5.1。

读入/输出信息见程序 10-200，子程序 SUB program 07，5000-5210。

表 5.1　程序 PCDB 中有关信息变量及数组名

控制信息		结构信息		
名　　称	变　　量	名　　称		变量/数组
集中力偶个数	N	抗弯刚度		EI
集中力个数	J	梁长		L
均匀载荷段数	K	支座坐标		AX(M),AY(M)
支座个数	M	载荷信息		
梁的分段数	D	集中 力偶	数值	M(N)
步长	S		位置	F(N)
梁的结构形式	FX	集中力	数值	P(J)
	0,简支、外伸梁、连续梁		位置	B(J)
	1,一端固定连续梁	均布 载荷	数值	Q(K)
	2,固定端梁		位置/长度	
数组	T＝MAX(N,J,K,M)		C(K)　　D(K)	

例 5.4　数据填写举例。已知梁的载荷与结构如图 5.27 所示，试编写该梁结构的数据文件。

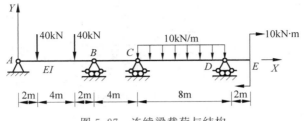

图 5.27 连续梁载荷与结构

解 (1)控制信息

N,J,K,M,T,S,D,FX

1,2,1,3,3,1,22,0

(2)结构信息

EI,L,AX(M),AY(M)

1,22

8,0,12,0,20,0

(3)载荷信息

集中力偶 M(I),F(I),-10,22

集中力 P(J),B(J),-40,2,-40,6

均布载荷 Q(K),C(K),D(K),-10,12,8

即:DATA 1,2,1,3,3,1,22,0

　　DATA 1,22

　　DATA 8,0,12,0,20,0

　　DATA -10,22

　　DATA -40,2,-40,6

　　DATA -10,12,8

5.6.3　计算广义固定端转角与支座反力子程序

该段程序在计算广义固定端转角过程中,要生成系数矩阵,生成右端项。在生成右端项过程中还要计算 M(P),计算分类载荷的挠度,解线性代数方程组。程序见 SUB program-00.500-660。

5.6.4　分类载荷变形计算程序

1. 集中力偶作用下挠度与转角计算子程序

程序框图见图 5.28,程序见 SUB program-03.2500-2610。

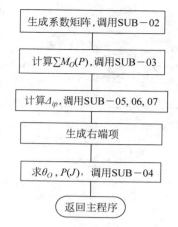

图 5.28　计算 θ_O 与 $P(J)$ 框图

```
10     REM THE PROGRAM FOR CALCULATION THE DEFORMATION OF THE BEAM
25     OPEN "EXPC51.DAT" FOR INPUT AS #1
26     OPEN "EXPR51.DAT" FOR OUTPUT AS #2
33     INPUT #1, N, J, K, M, T, S, D, FX, EI, L
35     PRINT #2, "CONDITION"
40     PRINT #2, "N = "; N; "J = "; J; "K = "; K; "M = "; M; "T = "; T
41     PRINT #2, "EI = "; EI; "L = "; L; "S = "; S; "D = "; D; "FX = "; FX
50     DIM M(N), F(N), P(J), B(J), Q(K), C(K), D(K), H(T), E(M + 1, M + 1), A(M, M)
55     DIM AX(M), AY(M), BX(D), BY(D), BO(D), RP(M + 1)
56     A5 = 0: A6 = 0: A7 = 0
57     FOR I = 1 TO M
58     INPUT #1, AX(I), AY(I)
59     NEXT I
60     IF N = 0 THEN 100
70     FOR I = 1 TO N
72     INPUT #1, M(I), F(I)
90     NEXT I
100    IF J = 0 THEN 140
110    FOR I = 1 TO J
115    INPUT #1, P(I), B(I)
125    A5 = A5 + P(I)
130    NEXT I
140    IF K = 0 THEN 180
150    FOR I = 1 TO K
155    INPUT #1, Q(I), C(I), D(I)
165    A6 = A6 + Q(I) * D(I)
170    NEXT I
180    REM FOR I = 1 TO M
```

```
185    REM INPUT #1, AX(I), AY(I)
200    REM NEXT I
202    CLOSE #1
205    GOSUB 5000
210    GOSUB 500
214    PRINT #2, "RESULT"
216    PRINT #2, "THETA AND R - FORCES"
220    BO(0) = RP(1)
225    PRINT #2, "THETA(0) = "; BO(0)
230    FOR I = 1 TO M
240    RP(I) = RP(I + 1)
245    PRINT #2, " R("; I; ") = "; RP(I)
247    A7 = A7 + RP(I)
250    NEXT I
252    PRINT #2, " R(0) = "; - A5 - A6 - A7
255    PRINT
256    PRINT #2, "DEFORMATION"
260    R = 0
265    BX(R) = R * L/D
270    X = BX(R)
280    IF N = 0 THEN 300
290    GOSUB 2500
300    IF J = 0 THEN 315
305    BB = 0
310    GOSUB 3000
315    BB = 1: GOSUB 3000
320    IF K = 0 THEN 350
330    GOSUB 3500
350    BO(R) = BO(0) + M1 + P1 + P3 + Q1
360    BY(R) = BO(0) * BX(R) + M2 + P2 + P4 + Q2
365    REM PRINT #2, R;
370    PRINT #2, "X("; R; ") = "; BX(R),
380    PRINT #2, "Y("; R; ") = "; BY(R), "THETA("; R; ") = "; BO(R)
400    IF R = D THEN 422
410    R = R + S
420    GOTO 265
422    GOSUB 4000
424    PRINT #2, "MAXIMUM VALUE"
430    PRINT #2, "X("; IX; ") = "; BX(IX), "FMAX = "; Y
475    CLOSE #2
476    PRINT
482    END

500    REM THE SUBPROGRAM 00 FOR CALCULAATION THETA AND REACTION FORCES
510    GOSUB 1000
```

```
520    GOSUB 1500
525    RP(M + 1) = - A4
530    I = 1
540    X = AX(I)
550    IF N = 0 THEN 565
560    GOSUB 2500
565    IF J = 0 THEN 600
580    BB = 0
590    GOSUB 3000
600    IF K = 0 THEN 620
610    GOSUB 3500
620    RP(I) = M2 + P2 + Q2
630    RP(I) = AY(I) - RP(I)
640    IF I = M THEN 650
642    I = I + 1: GOTO 540
650    GOSUB 2000
660    RETURN


1000   Rem THE SUBPROGRAM 01 for calculation Ab(i,j)
1010   For I = 1 To M
1020   For JJ = 1 To M
1030   If JJ < I Then GoTo 1050
1040   a(I, JJ) = AX(I) * AX(I) * (3 * AX(JJ) - AX(I)) / 6 / ei: GoTo 1060
1050   a(I, JJ) = a(JJ, I)
1060   Next JJ
1070   Next I
1080   For I = 1 To M + 1
1090   If I = M + 1 Then GoTo 1160
1100   For JJ = 0 To M
1110   If JJ <> 0 Then GoTo 1130
1120   e(I, 1) = AX(I): GoTo 1140
1130   e(I, JJ + 1) = a(I, JJ)
1140   Next JJ
1150   If I < M + 1 Then GoTo 1190
1160   For JJ = 0 To M
1162   If FX = 1 Then GoTo 1172
1170   e(I, JJ + 1) = AX(JJ): GoTo 1180
1172   AX(0) = 1
1173   If JJ <> 0 Then GoTo 1176
1175   e(I, JJ + 1) = AX(JJ): GoTo 1180
1176   e(I, JJ + 1) = 0
1180   Next JJ
1190   Next I
1200   Return
```

```
1500    REM SUBPROGRAM 07 MO(P)
1510    A1 = 0: A2 = 0: A3 = 0: A4 = 0
1520    IF N = 0 THEN 1560
1530    FOR I = 1 TO N
1540    A1 = A1 + M(I)
1550    NEXT I
1560    IF J = 0 THEN 1590
1565    FOR I = 1 TO J
1570    A2 = A2 + P(I) * B(I)
1580    NEXT I
1590    IF K = 0 THEN 1630
1600    FOR I = 1 TO K
1610    A3 = A3 + Q(I) * D(I) * (C(I) + D(I)/2)
1620    NEXT I
1630    A4 = A1 + A2 + A3
1640    RETURN

2000    REM THE SUBPROGRAM 02 FOR SOLVING LINEAR EQUASIONS
2010    KK = 1
2020    FOR I = KK + 1 TO M + 1
2030    E(I, KK) = E(I, KK)/E(KK, KK)
2040    NEXT I
2050    FOR I = KK + 1 TO M + 1
2060    FOR JJ = KK + 1 TO M + 1
2070    E(I, JJ) = E(I, JJ) - E(I, KK) * E(KK, JJ)
2080    NEXT JJ
2090    RP(I) = RP(I) - E(I, KK) * RP(KK)
2100    NEXT I
2110    IF KK = M THEN 2140
2120    KK = KK + 1
2130    GOTO 2020
2140    FOR I = M + 1 TO 1 STEP - 1
2150    C = 0
2160    FOR JJ = I + 1 TO M + 1
2170    IF JJ > M + 1 THEN 2200
2180    C = E(I, JJ) * RP(JJ) + C
2190    NEXT JJ
2200    RP(I) = (RP(I) - C)/E(I, I)
2210    NEXT I
2220    RETURN

2500    REM THE SUBPROGREM 03 FOR CALCULATING THE DEFORMATION CAUSED BY M
2510    M1 = 0: M2 = 0
2520    FOR II = 1 TO N
2530    H(II) = X - F(II)
```

```
2540    IF H(II) > 0 THEN 2570
2550    F1 = M(II) * X/EI
2560    F2 = M(II) * X * X/2/EI: GOTO 2590
2570    F1 = M(II) * F(II)/EI
2580    F2 = M(II) * F(II) * F(II)/2/EI + M(II) * F(II) * (X − F(II))/EI
2590    M1 = M1 + F1: M2 = M2 + F2
2600    NEXT II
2610    RETURN

3000    REM THE SUBPROGRAM 04 FOR CALCULATION THE DEFORMATION CAUSED BY P
3002    IF BB = 1 THEN 3010
3004    P1 = 0: P2 = 0: II = 1: GOTO 3020
3010    P3 = 0: P4 = 0: II = 1
3020    IF BB = 1 THEN 3040
3030    H(II) = X − B(II): P = P(II): B = B(II): GOTO 3050
3040    H(II) = X − AX(II): P = RP(II): B = AX(II)
3045    REM PRINT II RP(II)
3050    IF H(II) > 0 THEN 3090
3060    F1 = P * X * X/2/EI + P * (B − X) * X/EI
3070    F2 = P * X * X * X/3/EI + P * (B − X) * X * X/2/EI
3080    GOTO 3110
3090    F1 = P * B * B/2/EI
3100    F2 = P * B * B * B/3/EI + P * B * B * (X − B)/2/EI
3110    IF BB = 1 THEN 3160
3120    P1 = P1 + F1
3130    P2 = P2 + F2
3140    IF II = J THEN 3220
3150    II = II + 1: GOTO 3020
3160    P3 = P3 + F1
3170    P4 = P4 + F2
3180    IF II = M THEN 3220
3190    II = II + 1: GOTO 3020
3220    RETURN

3500    REM THE SUBPROGRAM 05 FOR CALCULATING THE DEFORMATION CAUSED BY Q
3510    Q1 = 0: Q2 = 0
3520    FOR II = 1 TO K
3530    H(II) = X − C(II)
3540    IF H(II) > 0 THEN 3570
3545    F3 = D(II)/2 + C(II) − X
3550    F1 = Q(II) * D(II)/EI * (F3 * X + X * X/2)
3560    F2 = Q(II) * D(II)/EI * (F3 * X * X/2 + X * X * X/3)
3565    GOTO 3630
3570    H(II) = X − C(II) − D(II)
3580    IF H(II) > 0 THEN 3606
3585    F4 = C(II) + D(II) − X
3590    F1 = Q(II)/EI * (X * X * X/6 − C(II)^3/6 + F4 * X * X/2 + F4 * F4 * X/2)
3600    F2 = X * X * (X * X/8 + F4 * X/3 + F4 * F4/4) − C(II)^3 * (C(II)/8 + (X − C(II))/6)
```

```
3605    F2 = F2 * Q(II)/EI: GOTO 3630
3606    F5 = C(II) + D(II)
3610    F1 = Q(II)/EI * (F5^3/6 − C(II)^3/6)
3620    F2 = F5^3 * (F5/8 + H(II)/6) − C(II)^3 * (C(II)/8 + (X − C(II))/6)
3625    F2 = F2 * Q(II)/EI
3630    Q1 = Q1 + F1: Q2 = Q2 + F2
3640    NEXT II
3650    RETURN

4000    REM THE SUBPROGRAM 06 FOR FINDING THE MAXIMUM VALUE OF DEFLECTION
4010    FOR I = 1 TO D
4020    IF I > 1 THEN 4040
4030    Y = BY(I)
4040    IF ABS(Y) − ABS(BY(I)) > = 0 THEN 4060
4050    Y = BY(I)
4055    IX = I
4060    NEXT I
4070    RETURN

5000    REM THE SUBPROGRAM 07 FOR PRINTING THE CONDITION OF THE BEAM
5010    IF N = 0 THEN 5060
5020    FOR I = 1 TO N
5030    PRINT #2, "M("; I; ") = "; M(I); "A("; I; ") = "; F(I)
5050    NEXT I
5060    IF J = 0 THEN 5110
5070    FOR I = 1 TO J
5080    PRINT #2, "P("; I; ") = "; P(I); "B("; I; ") = "; B(I)
5100    NEXT I
5110    IF K = 0 THEN 5175
5130    FOR I = 1 TO K
5140    PRINT #2, "Q("; I; ") = "; Q(I); "C("; I; ") = "; C(I); "D("; I; ") = "; D(I)
5170    NEXT I
5175    FOR I = 1 TO M
5180    PRINT #2, "AX("; I; ") = "; AX(I); "AY("; I; ") = "; AY(I)
5200    NEXT I
5210    RETURN
```

例 5.5　已知简支梁结构与载荷如图 5.29 所示,设梁的抗弯刚度为 EI,试计算梁的变形。

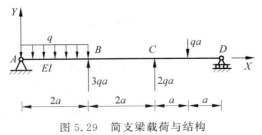

图 5.29　简支梁载荷与结构

解　将该梁划分 18 段,数据文件见表 5.2。

表 5.2　例 5.5 的数据文件

序号	变量/数组	数据文件 EXPR55.DAT
1	N,J,K,M,T,S,D,FX	0,3,1,1,3,1,18,0
2	EI,L	1,6
3	AX(M),AY(M)	6,0
4	P(J),B(J)	3,2,2,4,-1,5
5	Q(K),C(K),D(K)	-1,0,2

例 5.5 结果文件:

```
CONDITION
n = 0          j = 3          k = 1     m = 1     t = 3
ei = 1         l = 6          s = 1     d = 18    fx = 0
p( 1 ) = 3     b( 1 ) = 2
p( 2 ) = 2     b( 2 ) = 4
p( 3 ) = -1    b( 3 ) = 5
q( 1 ) = -1    c( 1 ) = 0     d( 1 ) = 2
ax( 1 ) = 6    ay( 1 ) = 0
result
Theta and R - forces
theta(0) = 6.47222222222222
 r( 1 ) = -1.16666666666667
 r(0) = -.833333333333333
deformation
x( 0 ) = 0                    y( 0 ) = 0                    theta( 0 ) = 6.47222222222222
x( 1 ) = .333333333333333     y( 1 ) = 2.15174897119342     theta( 1 ) = 6.41975308641975
x( 2 ) = .666666666666667     y( 2 ) = 4.26543209876543     theta( 2 ) = 6.23765432098766
x( 3 ) = 1                    y( 3 ) = 6.29166666666667     theta( 3 ) = 5.88888888888889
x( 4 ) = 1.33333333333333     y( 4 ) = 8.16872427983539     theta( 4 ) = 5.33641975308642
x( 5 ) = 1.66666666666667     y( 5 ) = 9.82253086419753     theta( 5 ) = 4.54320987654321
x( 6 ) = 2                    y( 6 ) = 11.1666666666667     theta( 6 ) = 3.47222222222222
x( 7 ) = 2.33333333333333     y( 7 ) = 12.1213991769547     theta( 7 ) = 2.25925925925926
x( 8 ) = 2.66666666666667     y( 8 ) = 12.6748971193416     theta( 8 ) = 1.06481481481482
x( 9 ) = 3                    y( 9 ) = 12.8333333333333     theta( 9 ) = -.111111111111108
x( 10 ) = 3.33333333333333    y( 10 ) = 12.6028806584362    theta( 10 ) = -1.26851851851852
x( 11 ) = 3.66666666666667    y( 11 ) = 11.9897119341564    theta( 11 ) = -2.40740740740741
x( 12 ) = 4                   y( 12 ) = 11                   theta( 12 ) = -3.52777777777778
x( 13 ) = 4.33333333333333    y( 13 ) = 9.6522633744856     theta( 13 ) = -4.51851851851852
x( 14 ) = 4.66666666666667    y( 14 ) = 8.01440329218107    theta( 14 ) = -5.26851851851852
x( 15 ) = 5                   y( 15 ) = 6.16666666666666     theta( 15 ) = -5.77777777777778
x( 16 ) = 5.33333333333333    y( 16 ) = 4.18312757201647    theta( 16 ) = -6.10185185185185
x( 17 ) = 5.66666666666667    y( 17 ) = 2.11316872427986    theta( 17 ) = -6.29629629629629
```

x(18) = 6   y(18) = 9.76996261670138E - 15   theta(18) = - 6.36111111111111
maximum value
x(9) = 3   fmax = 12.8333333333333

例 5.6 已知外伸梁结构与载荷如图 5.30 所示,设梁的抗弯刚度为 EI,试计算该梁的变形。

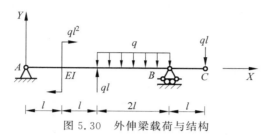

图 5.30 外伸梁载荷与结构

解 将该梁划分 20 段,数据文件见表 5.3。

表 5.3 例 5.6 的数据文件

序号	变量/数组	数据文件 EXPR56.DAT
1	N,J,K,M,T,S,D,FX	1,2,1,1,2,1,20,0
2	EI,L	1,5
3	AX(M),AY(M)	4,0
4	M(N),F(N)	-1,1
5	P(J),B(J)	1,2,-1,5
6	Q(K),C(K),D(K)	-1,2,2

例 5.6 结果文件:

```
CONDITION
n = 1           j = 2        k = 1       m = 1       t = 2
ei = 1          l = 5        s = 1       d = 20      fx = 0
m( 1 ) = - 1    a( 1 ) = 1
p( 1 ) = 1      b( 1 ) = 2
p( 2 ) = - 1    b( 2 ) = 5
q( 1 ) = - 1    c( 1 ) = 2   d( 1 ) = 2
ax( 1 ) = 4     ay( 1 ) = 0
result
Theta and R - forces
theta(0) = 4.16666666666679E - 02
 r( 1 ) =   2.5
 r( 0 ) = - .5
deformation
x( 0 ) = 0      y( 0 ) = 0                theta( 0 ) = 4.16666666666679E - 02
x( 1 ) = .25    y( 1 ) = 9.11458333333362E - 03    theta( 1 ) = 2.60416666666679E - 02
```

x(2) = .5	y(2) = 1.04166666666673E − 02	theta(2) = − 2.08333333333321E − 02
x(3) = .75	y(3) = − 3.90624999999911E − 03	theta(3) = − 9.89583333333321E − 02
x(4) = 1	y(4) = − 4.16666666666656E − 02	theta(4) = − .208333333333332
x(5) = 1.25	y(5) = − 7.94270833333313E − 02	theta(5) = − 9.89583333333321E − 02
x(6) = 1.5	y(6) = − 9.37499999999982E − 02	theta(6) = − 2.08333333333321E − 02
x(7) = 1.75	y(7) = − 9.24479166666652E − 02	theta(7) = 2.60416666666679E − 02
x(8) = 2	y(8) = − 8.33333333333286E − 02	theta(8) = 4.16666666666679E − 02
x(9) = 2.25	y(9) = − 7.17773437499982E − 02	theta(9) = .0546875
x(10) = 2.5	y(10) = − 5.46874999999947E − 02	theta(10) = 8.33333333333357E − 02
x(11) = 2.75	y(11) = − 3.01106770833286E − 02	theta(11) = .111979166666668
x(12) = 3	y(12) = 3.5527136788005E − 15	theta(12) = .125
x(13) = 3.25	y(13) = 2.97851562499964E − 02	theta(13) = .106770833333334
x(14) = 3.5	y(14) = 4.94791666666643E − 02	theta(14) = 4.16666666666679E − 02
x(15) = 3.75	y(15) = 4.54101562500036E − 02	theta(15) = − .0859375
x(16) = 4	y(16) = 7.105427357601E − 15	theta(16) = − .291666666666664
x(17) = 4.25	y(17) = − .101562499999996	theta(17) = − .510416666666664
x(18) = 4.5	y(18) = − .249999999999993	theta(18) = − .666666666666664
x(19) = 4.75	y(19) = − .429687499999993	theta(19) = − .760416666666664
x(20) = 5	y(20) = − .624999999999979	theta(20) = − .791666666666664

```
maximum value
x( 20 ) = 5        fmax = − .624999999999979
```

例 5.7 已知连续梁结构与载荷如图 5.31 所示，设梁的抗弯刚度为 EI，试计算该梁的变形。

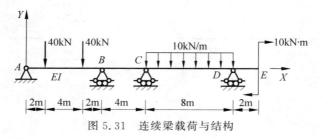

图 5.31 连续梁载荷与结构

解 将该梁划分为 22 段，数据文件见表 5.4。

表 5.4 例 5.7 的数据文件

序号	变量/数组	数据文件 EXPR57.DAT
1	N,J,K,M,T,S,D,FX	1,2,1,3,3,1,22,0
2	EI,L	1,22
3	AX(M),AY(M)	8,0,12,0,20,0
4	M(N),F(N)	−10,22
5	P(J),B(J)	−40,2,−40,6
6	Q(K),C(K),D(K)	−10,12,8

例 5.7 结果文件：

```
CONDITION
n = 1              j = 2          k = 1        m = 3        t = 3
ei = 1             l = 22         s = 1        d = 22       fx = 0
m( 1 ) = - 10      a( 1 ) = 22
p( 1 ) = - 40      b( 1 ) = 2
p( 2 ) = - 40      b( 2 ) = 6
q( 1 ) = - 10      c( 1 ) = 12    d( 1 ) = 8
ax( 1 ) = 8        ay( 1 ) = 0
ax( 2 ) = 12       ay( 2 ) = 0
ax( 3 ) = 20       ay( 3 ) = 0
result
Theta and R - forces
theta(0) = - 169.142857142863
 r( 1 ) =   49.6428571428565
 r( 2 ) =   40.8928571428581
 r( 3 ) =   36.1071428571426
 r(0) = 33.3571428571428
deformation
x( 0 ) = 0         y( 0 ) = 0                    theta( 0 ) = - 169.142857142863
x( 1 ) = 1         y( 1 ) = - 163.583333333339   theta( 1 ) = - 152.46428571429
x( 2 ) = 2         y( 2 ) = - 293.809523809533   theta( 2 ) = - 102.428571428575
x( 3 ) = 3         y( 3 ) = - 363.988095238107   theta( 3 ) = - 39.0357142857165
x( 4 ) = 4         y( 4 ) = - 374.095238095253   theta( 4 ) = 17.7142857142853
x( 5 ) = 5         y( 5 ) = - 330.773809523822   theta( 5 ) = 67.8214285714284
x( 6 ) = 6         y( 6 ) = - 240.666666666679   theta( 6 ) = 111.285714285716
x( 7 ) = 7         y( 7 ) = - 117.083333333343   theta( 7 ) = 128.107142857146
x( 8 ) = 8         y( 8 ) = 0                     theta( 8 ) = 98.2857142857165
x( 9 ) = 9         y( 9 ) = 72.2142857142753      theta( 9 ) = 46.6428571428623
x( 10 ) = 10       y( 10 ) = 94.2857142857247     theta( 10 ) = - 1.99999999999636
x( 11 ) = 11       y( 11 ) = 69.2142857142899     theta( 11 ) = - 47.6428571428551
x( 12 ) = 12       y( 12 ) = 0                     theta( 12 ) = - 90.2857142857101
x( 13 ) = 13       y( 13 ) = - 103.958333333299   theta( 13 ) = - 111.148809523809
x( 14 ) = 14       y( 14 ) = - 211                theta( 14 ) = - 98.1190476190459
x( 15 ) = 15       y( 15 ) = - 292.23214285713    theta( 15 ) = - 61.1964285714312
x( 16 ) = 16       y( 16 ) = - 328.761904761894   theta( 16 ) = - 10.3809523809541
x( 17 ) = 17       y( 17 ) = - 311.696428571435   theta( 17 ) = 44.3273809523744
x( 18 ) = 18       y( 18 ) = - 242.142857142855   theta( 18 ) = 92.9285714285688
x( 19 ) = 19       y( 19 ) = - 131.208333333372   theta( 19 ) = 125.422619047615
x( 20 ) = 20       y( 20 ) = - 2.9103830456E - 11 theta( 20 ) = 131.809523809519
x( 21 ) = 21       y( 21 ) = 126.809523809527      theta( 21 ) = 121.809523809519
x( 22 ) = 22       y( 22 ) = 243.619047618995      theta( 22 ) = 111.809523809519
maximum value
x( 4 ) = 4         fmax = - 374.095238095253
```

例 5.8　已知支座高度不同的连续梁如图 5.32 所示,设梁的抗弯刚度为 EI,试计算该梁的变形。

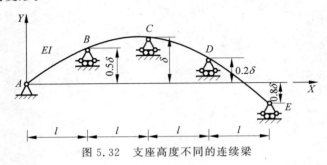

图 5.32　支座高度不同的连续梁

解　将该梁划分为 20 段,数据文件见表 5.5。

表 5.5　例 5.8 的数据文件

序号	变量/数组	数据文件 EXPR58.DAT
1	N,J,K,M,T,S,D,FX	0,0,0,4,4,1,16,0
2	EI,L	1,4
3	AX(M),AY(M)	1,0.5,2,1,3,0.2,4,−0.8

例 5.8 结果文件:

```
CONDITION
n = 0          j = 0        k = 0        m = 4        t = 4
ei = 1         l = 4        s = 1        d = 16       fx = 0
ax( 1 ) = 1    ay( 1 ) = .5
ax( 2 ) = 2    ay( 2 ) = 1
ax( 3 ) = 3    ay( 3 ) = .2
ax( 4 ) = 4    ay( 4 ) = − .8
result
Theta and R − forces
theta(0) = .4105
 r( 1 ) = − 3.21325714286001
 r( 2 ) =   5.05679999999994
 r( 3 ) = − 2.6141999999998
 r( 4 ) =   .235714285714333
 r(0) = .534942857145536
deformation
x( 0 ) = 0        y( 0 ) = 0                     theta( 0 ) = .4105
x( 1 ) = .25      y( 1 ) = .104036830357081      theta( 1 ) = .427366964285248
x( 2 ) = .5       y( 2 ) = .216469642856924      theta( 2 ) = .477667857142091
```

x(3) = .75	y(3) = .345656919642427	theta(3) = .561402678570533
x(4) = 1	y(4) = .499957142856489	theta(4) = .678571428570567
x(5) = 1.25	y(5) = .679360937499147	theta(5) = .728759821427825
x(6) = 1.5	y(6) = .850387499998972	theta(6) = .611553571427928
x(7) = 1.75	y(7) = .97118816964168	theta(7) = .326952678570876
x(8) = 2	y(8) = .99991428571298	theta(8) = − .12504285714333
x(9) = 2.25	y(9) = .907885937498583	theta(9) = − .586408035714693
x(10) = 2.5	y(10) = .7190982142842	theta(10) = − .899117857143214
x(11) = 2.75	y(11) = .47071495535555	theta(11) = − 1.06317232142889
x(12) = 3	y(12) = .199899999998327	theta(12) = − 1.07857142857173
x(13) = 3.25	y(13) = − 6.29906250012E − 02	theta(13) = − 1.02700892857172
x(14) = 3.5	y(14) = − .314832142858964	theta(14) = − .990178571428855
x(15) = 3.75	y(15) = − .559307589287607	theta(15) = − .968080357143137
x(16) = 4	y(16) = − .800100000001958	theta(16) = − .960714285714564
maximum value		
x(8) = 2	fmax = .99991428571298	

例 5.9 已知一端固定的连续梁结构与载荷如图 5.33 所示,设梁的抗弯刚度为 EI,试计算该梁的变形。

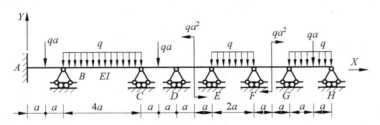

图 5.33 一端固定的连续梁结构与载荷

解 将该梁划分为 16 段,数据文件见表 5.6。

表 5.6 例 5.9 的数据文件

序号	变量/数组	数据文件 EXPR59. DAT
1	N,J,K,M,T,S,D,FX	2,3,3,7,7,1,16,1
2	EI,L	1,16
3	AX(M),AY(M)	2,0,6,0,8,0,10,0,12,0,14,0,16,0
4	M(N),F(N)	1,9,−1,13
5	P(J),B(J)	−1,1,−1,7,−1,15
6	Q(K),C(K),D(K)	−1,2,4,−1,10,2,−1,14,2

例 5.9 结果文件：

```
CONDITION
n = 2     j = 3     k = 3     m = 7     t = 7
ei = 1    l = 16    s = 1     d = 16    fx = 1
m( 1 ) = 1     a( 1 ) = 9
m( 2 ) = -1    a( 2 ) = 13
p( 1 ) = -1    b( 1 ) = 1
p( 2 ) = -1    b( 2 ) = 7
p( 3 ) = -1    b( 3 ) = 15
q( 1 ) = -1    c( 1 ) = 2      d( 1 ) = 4
q( 2 ) = -1    c( 2 ) = 10     d( 2 ) = 2
q( 3 ) = -1    c( 3 ) = 14     d( 3 ) = 2
ax( 1 ) = 2     ay( 1 ) = 0
ax( 2 ) = 6     ay( 2 ) = 0
ax( 3 ) = 8     ay( 3 ) = 0
ax( 4 ) = 10    ay( 4 ) = 0
ax( 5 ) = 12    ay( 5 ) = 0
ax( 6 ) = 14    ay( 6 ) = 0
ax( 7 ) = 16    ay( 7 ) = 0
RP(M + 1) =          0
result
Theta and R - forces
theta(0) = -5.25801624462474E - 13
 r( 1 ) =    3.1626325395451
 r( 2 ) =    3.07841560924734
 r( 3 ) =    .275638797149331
 r( 4 ) =    .734203893620645
 r( 5 ) =    .162545628367584
 r( 6 ) =    2.49061359290856
 r( 7 ) =    1.25156440118174
 r(0) = -.155614462020303


deformation
x( 0 ) = 0      y( 0 ) = 0                    theta( 0 ) = -5.25801624462474E - 13
x( 1 ) = 1      y( 1 ) = 6.76024103364554E - 02    theta( 1 ) =  .10926907700339
x( 2 ) = 2      y( 2 ) = -1.4210854715202E - 14    theta( 2 ) = -.437076308013033
x( 3 ) = 3      y( 3 ) = -.706316269772117    theta( 3 ) = -.724386551943894
x( 4 ) = 4      y( 4 ) = -1.11310041137932    theta( 4 ) = -4.6787183498509E - 03
x( 5 ) = 5      y( 5 ) = -.71333434729695     theta( 5 ) =  .722047192768912
x( 6 ) = 6      y( 6 ) = 1.13686837721616E - 13    theta( 6 ) =  .455791181412565
x( 7 ) = 7      y( 7 ) = 8.86566429110189E - 02    theta( 7 ) = -9.75722811287483E - 02
x( 8 ) = 8      y( 8 ) = -4.54747350886464E - 13   theta( 8 ) = -6.55020568979694E - 02
x( 9 ) = 9      y( 9 ) = 3.20702242304378E - 02    theta( 9 ) =  .189821252679735
x( 10 ) = 10    y( 10 ) = 0                   theta( 10 ) = -.193782953821142
```

```
x( 11 ) = 11   y( 11 ) =- .154437539835271       theta( 11 ) =- 1.58793962569348E - 02
x( 12 ) = 12   y( 12 ) =- 4.54747350886464E - 13  theta( 12 ) = .257300538849393
x( 13 ) = 13   y( 13 ) = .127346601773297        theta( 13 ) =- .126303667651712
x( 14 ) = 14   y( 14 ) = 0                        theta( 14 ) =- .252085868243
x( 15 ) = 15   y( 15 ) =- .250782200590038        theta( 15 ) =- 4.14059331370709E - 02
x( 16 ) = 16   y( 16 ) =- 9.09494701772928E - 13  theta( 16 ) = .417709600787134
maximum value
x( 4 ) = 4     fmax =- 1.11310041137932
```

习题

习题 5.1 设简支梁载荷与结构如图所示,若梁的抗弯刚度为 EI,试计算该梁的变形。

习题 5.2 设简支梁载荷与结构如图所示,若梁的抗弯刚度为 EI,试计算该梁的变形。

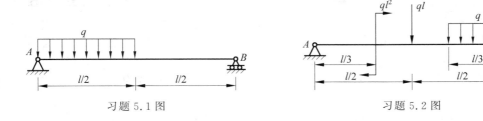

习题 5.1 图　　　　　　　　　　习题 5.2 图

习题 5.3 设简支梁载荷与结构如图所示,若梁的抗弯刚度为 EI,试计算该梁的变形。

习题 5.4 设外伸梁载荷与结构如图所示,若梁的抗弯刚度为 EI,试计算该梁的变形。

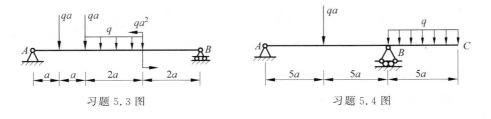

习题 5.3 图　　　　　　　　　　习题 5.4 图

习题 5.5 设外伸梁载荷与结构如图所示,若梁的抗弯刚度为 EI,试计算该梁的变形。

习题 5.6 设外伸梁载荷与结构如图所示,若梁的抗弯刚度为 EI,试计算该梁的变形。

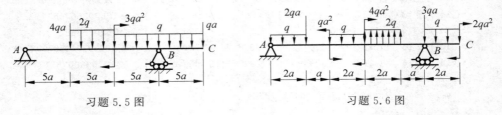

习题 5.5 图　　　　　　　　习题 5.6 图

习题 5.7　设连续梁载荷与结构如图所示,若梁的抗弯刚度为 EI,试计算该梁的变形。

习题 5.8　设连续梁载荷与结构如图所示,若梁的抗弯刚度为 EI,试计算该梁的变形。

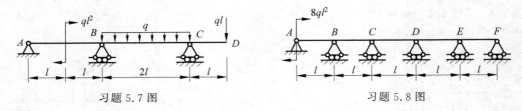

习题 5.7 图　　　　　　　　习题 5.8 图

习题 5.9　设连续梁载荷与结构如图所示,若梁的抗弯刚度为 EI,试计算该梁的变形。

习题 5.10　设连续梁载荷与结构如图所示,若梁的抗弯刚度为 EI,试计算该梁的变形。

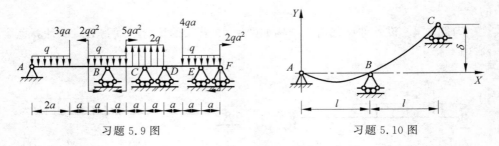

习题 5.9 图　　　　　　　　习题 5.10 图

习题 5.11　设连续梁载荷与结构如图所示,若梁的抗弯刚度为 EI,试计算该梁的变形。

习题 5.12　设连续梁载荷与结构如图所示,若梁的抗弯刚度为 EI,试计算该梁的变形。B、C、D、E y 方向坐标分别为 δ、0.5δ、0.8δ、1.5δ。

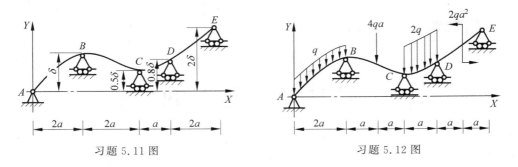

习题 5.11 图　　　　　　　　　习题 5.12 图

习题 5.13　设连续梁载荷与结构如图所示,若梁的抗弯刚度为 EI,试计算该梁的变形。

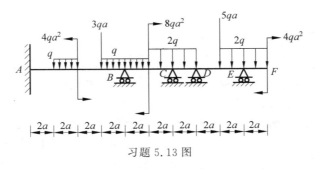

习题 5.13 图

习题 5.14　设连续梁载荷与结构如图所示,若梁的抗弯刚度为 EI,试计算该梁的变形。

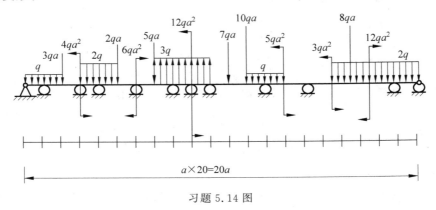

习题 5.14 图

第6章

超静定梁力与变形的计算

6.1 数值微分

设 $f(x)$ 是 $[x_0-h,x_0+h]$ 上连续可微的实函数,我们希望得到 $f(x)$ 在 x_0 处的导数值,这就是数值微分问题。如果 $f(x)$ 是一个初等函数,对读者来说,则没有数值计算方面的问题,因为任何初等函数的导数都还是初等函数,所以直接利用导数的表达式编程计算即可。然而,许多工程计算中用到的函数虽然理论上可导,但是如果给定的函数不是初等函数,或者我们只知道一个函数在若干已知离散点上的函数值,则必须利用数值方法解函数的导数,这就需要数值微分方法。

数值微分中最简单的方法,也是最基本的方法,就是利用差商代替导数。

在微积分中,导数是使用极限来定义的,如:

$$f'(x) = \lim_{h \to 0} \frac{f(x+h)-f(x)}{h} = \lim_{h \to 0} \frac{f(x)-f(x-h)}{h}$$

$$= \lim_{h \to 0} \frac{f(x+h)-f(x-h)}{2h}$$

显然,取其达到极限以前的形式就可以作为导数的近似

$$f'(x_0) \approx \frac{f(x_0+h)-f(x_0)}{h} \tag{6-1}$$

$$f'(x_0) \approx \frac{f(x_0)-f(x_0-h)}{h} \tag{6-2}$$

$$f'(x_0) \approx \frac{f(x_0+h)-f(x_0-h)}{2h} \tag{6-3}$$

式(6-1)~式(6-3)也分别称为向前差商数值微分公式、向后差商数值微分公式和中心差商数值微分公式。

对于这三个数值微分公式的误差,我们可以利用泰勒展开式求得:

（1）**向前差商数值微分公式**，由泰勒展开式

$$f(x_0 + h) = f(x_0) + f'(x_0)h + \frac{h^2}{2}f''(x_0 + \theta h), \quad 0 \leqslant \theta \leqslant 1$$

可得误差

$$f'(x_0) - \frac{f(x_0 + h) - f(x_0)}{h} = -\frac{h}{2}f''(x_0 + \theta h), \quad 0 \leqslant \theta \leqslant 1$$

（2）**向后差商数值微分公式**，由泰勒展开式

$$f(x_0 - h) = f(x_0) - f'(x_0)h + \frac{h^2}{2}f''(x_0 - \theta h), \quad 0 \leqslant \theta \leqslant 1$$

可得误差

$$f'(x_0) - \frac{f(x_0) - f(x_0 - h)}{h} = \frac{h}{2}f''(x_0 - \theta h), \quad 0 \leqslant \theta \leqslant 1$$

（3）**中心差商数值微分公式**，可得误差

$$f'(x_0) - \frac{f(x_0 + h) - f(x_0 - h)}{2h} = \frac{h^2}{12}\left[f'''(x_0 + \theta_1 h) + f'''(x_0 - \theta_2 h)\right]$$

$$= \frac{h^2}{6}f'''(x_0 + \theta h), \quad 0 \leqslant \theta \leqslant 1$$

由上述推导过程可以看出，向前差商数值微分公式和向后差商数值微分公式的精度都是 $O(h)$，而中心差商数值微分公式的精度是 $O(h^2)$。

按照同样方法，也可以得出二阶导数的数值公式。

先求出在 $x_0 + \frac{h}{2}$ 和 $x_0 - \frac{h}{2}$ 处的导数值：

$$f'\left(x_0 + \frac{h}{2}\right) \approx \frac{f(x_0 + h) - f(x_0)}{h}$$

$$f'\left(x_0 - \frac{h}{2}\right) \approx \frac{f(x_0) - f(x_0 - h)}{h}$$

再利用中心差商数值微分公式求出 x_0 的二阶导数值：

$$f''(x_0) = \frac{f'\left(x_0 + \frac{h}{2}\right) - f'\left(x_0 - \frac{h}{2}\right)}{h} = \frac{f(x_0 + h) - 2f(x_0) + f(x_0 - h)}{h^2}$$

$$(6\text{-}4)$$

式（6-4）也称为二阶中心差商数值微分公式，其误差很显然为 $O(h^2)$。

6.1.1　用泰勒展开式求数值微分公式

从上面的介绍中发现，其实我们也可以用泰勒展开式求出数值微分公式。下面通过构造两个精度分别为 $O(h^2)$ 和 $O(h^4)$ 的中心差商数值微分公式，介绍如何

使用泰勒展开式构造数值微分公式。

因为

$$f(x+h)=f(x)+f'(x)h+\frac{h^2}{2!}f''(x)+\frac{h^3}{3!}f'''(\xi_1),$$
$$x\leqslant\xi_1\leqslant x+h \tag{a}$$

$$f(x-h)=f(x)-f'(x)h+\frac{h^2}{2!}f''(x)-\frac{h^3}{3!}f'''(\xi_2),$$
$$x-h\leqslant\xi_2\leqslant x \tag{b}$$

(a)$-$(b)得

$$f(x+h)-f(x-h)=2f'(x)h+\frac{h^3}{3!}[f'''(\xi_1)-f'''(\xi_2)] \tag{c}$$

由于 $f'''(x)$ 是连续的,所以根据中值定理可找一个值 $\eta(x-h<\eta<x+h)$,满足 $\frac{f'''(\xi_1)+f'''(\xi_2)}{2}=f'''(\eta)$,将它代入式(c)得

$$f'(x)=\frac{f(x+h)-f(x-h)}{2h}-\frac{h^2}{3!}f'''(\eta)$$

这个数值微分公式实际上就是前面得出的中心差商数值微分公式,精度是 $O(h^2)$。

仿照上面的推导过程,利用四阶泰勒展开式可以得到

$$f(x+h)-f(x-h)=2f'(x)h+\frac{2h^3}{3!}f'''(x)+\frac{h^5}{5!}[f^5(\xi_1)+f^5(\xi_2)]$$
$$=2f'(x)h+\frac{2h^3}{3!}f'''(x)+\frac{2h^5}{5!}f^5(\eta) \tag{d}$$

这里的 η、ξ_1、ξ_2 与前面相同。然后使用步长 $2h$ 代替 h,可得到如下近似值:

$$f(x+2h)-f(x-2h)=4f'(x)h+\frac{16h^3}{3!}f'''(x)+\frac{64h^5}{5!}f^5(\eta_1) \tag{e}$$

这时,(d)$\times8-$(e)得

$$-f(x+2h)+8f(x+h)-8f(x-h)+f(x-2h)$$
$$=12f'(x)h+\frac{h^5}{5!}[16f^5(\mu)-64f^5(\eta_1)] \tag{f}$$

这里 $f^{(5)}(x)$ 的符号只是正或负,而且它的值变化不快,则可在区间 $[x-2h,x+2h]$ 内找到一个值 η_2,满足: $16f^{(5)}(\eta)-64f^{(5)}(\eta_1)=-48f^{(5)}(\eta_2)$;所以将它代入式(f)中得

$$f'(x)=\frac{-f(x+2h)+8f(x+h)-8f(x-h)+f(x-2h)}{12h}+\frac{h^4}{30}f^{(5)}(\eta_2)$$
$$\tag{6-5}$$

这就是精度为 $O(h^4)$ 的中心差商数值微分公式。

6.1.2　用插值多项式求微商

当给定了区间 $[a,b]$ 上的一串节点 $x_i(i=0,1,\cdots,n)$ 以及相应的函数值 $f(x_i)$ 以后，还可以利用插值的知识来求数值微分公式。

设 $L_n(x)$ 是 $f(x)$ 以 $a\leqslant x_0<\cdots<x_n\leqslant b$ 为节点的 n 次拉格朗日插值多项式，则取

$$f'(x_i)\approx L'_n(x_i)$$

其误差也可由插值多项式的余项得到

$$f'(x)-L'_n(x)=\frac{1}{(n+1)!}\left[\frac{\mathrm{d}}{\mathrm{d}x}(f^{(n+1)}(\xi))\omega_{n+1}(x)+f^{(n+1)}(\xi)\frac{\mathrm{d}}{\mathrm{d}x}\omega_{n+1}(x)\right]$$

当 $x=x_i$ 时，上式右端的第一项为零，故

$$f'(x)-L'_n(x)=\frac{1}{(n+1)!}f^{(n+1)}(\xi)\frac{\mathrm{d}}{\mathrm{d}x}\omega_{n+1}(x)$$

下面给出几个常用的数值微分公式。

1. 两点公式

当用两个点 x_0、x_1 作插值函数，并令 $h=x_1-x_0$，则

$$L_1(x)=f(x_0)\frac{x-x_1}{x_0-x_1}+f(x_1)\frac{x-x_0}{x_1-x_0}$$

两边求导即得

$$f'(x_0)=f'(x_1)\approx L'_1(x_0)=L'_2(x_1)=\frac{1}{h}(y_1-y_0)$$

这就是常见的两点式，即

$$L'_1(x)=f(x_0)\frac{1}{x_0-x_1}+f(x_1)\frac{1}{x_1-x_0}=\frac{f(x_1)-f(x_0)}{h} \tag{6-6}$$

其截断误差为

$$\begin{cases} R_1(x_0)=-\dfrac{f''(\xi)}{2}h \\[3mm] R_1(x_1)=\dfrac{f''(\xi)}{2}h \end{cases}$$

由图 6.1 可看出，x_0 点处的导数值与 x_1 点处的导数值是相等的。其实质是用 x_0 与 x_1 两点间的平均导数值来代替 $f'(x_0)$ 与 $f'(x_1)$ 的值。显然这个数值解是粗糙的，计算误差是大的，而且 $f''(x)=L''_1(x)=0$，故不能用两点式求二阶导数。

2. 三点公式

若过三个点 x_0、x_1、x_2 作二次插值多项式，并取 $h=x_1-x_0=x_2-x_1$，则有

$$L_2(x) = f(x_0) \frac{(x-x_1)(x-x_2)}{(x_0-x_1)(x_0-x_2)} + f(x_1) \frac{(x-x_0)(x-x_2)}{(x_1-x_0)(x_1-x_2)} +$$
$$f(x_2) \frac{(x-x_0)(x-x_1)}{(x_2-x_0)(x_2-x_1)}.$$

两边求导即得

$$L_2'(x) = f(x_0) \frac{(x-x_1)+(x-x_2)}{(x_0-x_1)(x_0-x_2)} + f(x_1) \frac{(x-x_0)+(x-x_2)}{(x_1-x_0)(x_1-x_2)} +$$
$$f(x_2) \frac{(x-x_0)+(x-x_1)}{(x_2-x_0)(x_2-x_1)}$$

于是得到三点公式

$$\begin{cases} f'(x_0) \approx L_2'(x_0) = y_0 \frac{-3h}{2h^2} + y_1 \frac{-2h}{-h^2} + y_2 \frac{-h}{2h^2} = \frac{1}{2h}(-3y_0 + 4y_1 - y_2) \\ f'(x_1) \approx L_2'(x_1) = y_0 \frac{-h}{2h^2} + y_1 \frac{h-h}{-h^2} + y_2 \frac{h}{2h^2} = \frac{1}{2h}(-y_0 + y_2) \\ f'(x_2) \approx L_2'(x_2) = y_0 \frac{h}{2h^2} + y_1 \frac{2h}{-h^2} + y_2 \frac{3h}{2h^2} = \frac{1}{2h}(y_0 - 4y_1 + 3y_2) \end{cases}$$

$$(6\text{-}7)$$

其截断误差为

$$\begin{cases} R_2(x_0) = \frac{f^{(3)}(\xi)}{3!}(x_0-x_1)(x_0-x_2) = \frac{h^2}{3}f^{(3)}(\xi) \\ R_2(x_1) = \frac{f^{(3)}(\xi)}{3!}(x_1-x_0)(x_1-x_2) = -\frac{h^2}{6}f^{(3)}(\xi), \quad x_0 < \xi < x_2 \\ R_2(x_2) = \frac{f^{(3)}(\xi)}{3!}(x_2-x_0)(x_2-x_1) = \frac{h^2}{3}f^{(3)}(\xi) \end{cases}$$

由三点插值的导数公式可以看出，x_0、x_1、x_2 三点处的导数值是不相等的（图 6.2），即 $f'(x_0) \neq f'(x_1) \neq f'(x_2)$，而其中 $f'(x_1)$ 为中点处的导数值，其值等于 x_0、x_2 两点的平均斜率。由此可看出，三点插值公式求导比二点插值公式求导计算精度高。

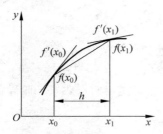

图 6.1　两点公式的函数与导数

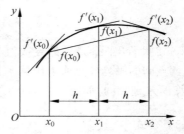

图 6.2　三点公式的函数与导数

若对式(6-7)再求一次导数,即可得到函数 $L_2(x)$ 的二阶导数,即

$$L_2''(x) = f(x_0) \frac{2}{(x_0-x_1)(x_0-x_2)} + f(x_1) \frac{2}{(x_1-x_0)(x_1-x_2)} +$$

$$f(x_2) \frac{2}{(x_2-x_0)(x_2-x_1)}$$

可见 $L_2''(x)$ 是常量,所以

$$f''(x_0) = f'(x_1) = f'(x_2) \approx L_2''(x) = y_0 \frac{2}{2h^2} + y_1 \frac{-2}{h^2} + y_2 \frac{2}{2h^2}$$

$$= \frac{1}{h^2}(y_0 - 2y_1 + y_2)$$

6.1.3 各阶导数计算公式表

根据前面拉格朗日插值公式的部分推导,可得到两点一阶、三点一阶、三点二阶等导数公式。现将点数为 2、3、4、5,阶数为一阶、二阶、三阶的导数公式列表,见表 6.1、表 6.2、表 6.3。为使计算方便,表中还写出了两种位置(向前、向后)的不同计算公式,并注明了计算公式所产生的误差。

表 6.1 一阶导数 y_0' 公式表

点数	位置	计算 y_0' 的公式	误差
2	向前	$\dfrac{1}{h}(y_1-y_0)$	$-\dfrac{h}{2}y_0''$
	向后	$\dfrac{1}{h}(y_0-y_{-1})$	$\dfrac{h}{2}y_0''$
3	向前	$\dfrac{1}{2h}(-y_2+4y_1-3y_0)$	$\dfrac{h^2}{3}y_0'''$
	向后	$\dfrac{1}{2h}(3y_0-4y_1+y_{-2})$	$\dfrac{h^2}{3}y_0'''$
4	向前	$\dfrac{1}{6h}(2y_3-9y_2+18y_1-11y_0)$	$-\dfrac{h^3}{4}y_0^{(4)}$
	向后	$\dfrac{1}{6h}(11y_0-18y_{-1}+9y_{-2}-2y_{-3})$	$\dfrac{h^3}{4}y_0^{(4)}$
5	向前	$\dfrac{1}{12h}(-3y_4+16y_3-36y_2+48y_1-25y_0)$	$\dfrac{h^4}{5}y_0^{(5)}$
	向后	$\dfrac{1}{12h}(25y_0-48y_{-1}+36y_{-2}-16y_{-3}+3y_{-4})$	$\dfrac{h^4}{5}y_0^{(5)}$

表 6.2　二阶导数 y_0'' 公式表

点数	位置	计算 y_0'' 的公式	误差
3	向前	$\dfrac{1}{h^2}(y_2 - 2y_1 + y_0)$	$-hy_0'''$
	向后	$\dfrac{1}{h^2}(y_0 - 2y_{-1} + y_{-2})$	hy_0'''
4	向前	$\dfrac{1}{h^2}(-y_3 + 4y_2 - 5y_1 + 2y_0)$	$\dfrac{11h^2}{12}y_0^{(4)}$
	向后	$\dfrac{1}{h^2}(2y_0 - 5y_{-1} + 4y_{-2} - y_{-3})$	$\dfrac{11h^2}{12}y_0^{(4)}$
5	向前	$\dfrac{1}{12h^2}(11y_4 - 56y_3 + 114y_2 - 104y_1 + 35y_0)$	$\dfrac{5h^3}{6}y_0^{(5)}$
	向后	$\dfrac{1}{12h^2}(35y_0 - 104y_{-1} + 114y_{-2} - 56y_{-3} + 11y_{-4})$	$\dfrac{5h^3}{6}y_0^{(5)}$

表 6.3　三阶导数 y_0''' 公式表

点数	位置	计算 y_0''' 的公式	误差
4	向前	$\dfrac{1}{h^3}(y_3 - 3y_2 + 3y_1 - y_0)$	$-\dfrac{3h}{2}y_0^{(4)}$
	向后	$\dfrac{1}{h^3}(y_0 - 3y_{-1} + 3y_{-2} - y_{-3})$	$\dfrac{3h}{2}y_0^{(4)}$
5	向前	$\dfrac{1}{2h^3}(-3y_4 + 14y_3 - 24y_2 + 18y_1 - 5y_0)$	$\dfrac{21h^2}{12}y_0^{(5)}$
	向后	$\dfrac{1}{2h^3}(5y_0 - 18y_{-1} + 24y_{-2} - 14y_{-3} + 3y_{-4})$	$\dfrac{7h^2}{4}y_0^{(5)}$

　　上述各表中,每个计算公式都以 y_0 作为基准点,向前计算公式是利用向前方向的数值 $y_1, y_2, \cdots$ 进行计算,向后计算公式是利用向后方向的数值 $y_{-1}, y_{-2}, \cdots$ 进行计算。不管是向前还是向后计算,每个点的间距都是相等的,并设此距离为 h。

　　从上述各表中的误差项可以看出,在使用求导公式时,选取的点数越多,也就是利用的点数越多,则所求解的误差越小,但是增大了计算工作量。因此,在实际应用时,应根据所求精度的要求,适当地选取计算点的个数。

6.2　超静定梁变形计算的有限差分法

6.2.1　静定梁的有限差分方程和边界条件

　　按照数值计算的三点公式和小变形的弯矩-曲率关系,可以建立差分方程如下:

$$y_{i-1} - 2y_i + y_{i+1} = h^2 \frac{M_i}{EI}, \quad i = 1, 2, \cdots, n-1 \qquad (6\text{-}8)$$

式中，$y_j (j = i-1, i, i+1)$ 是待求的截面位移；n 是分段数；h^2 是段长；M_i 是截面弯矩；EI 是梁的抗弯刚度。

对于固定端梁，边界条件为截面挠度和转角为零，考虑到两点公式转角为零的条件过于严格，采用三点公式的转角条件，即

$$\begin{cases} y_0 = 0 \\ 4y_1 - y_2 = 0 \end{cases} \qquad (6\text{-}9)$$

对于简支梁和外伸梁，边界条件为支座处的位移为零，即

$$\begin{cases} y_j = 0, \quad 0 \leqslant j \leqslant n-1 \\ y_k = 0, \quad 0 < k \leqslant n, \quad k = n \text{ 为简支梁}, k < n \text{ 为外伸梁} \end{cases} \qquad (6\text{-}10)$$

式(6-8)和式(6-9)是固定端梁的求解方程组，式(6-8)和式(6-10)是简支梁和外伸梁的求解方程组。

6.2.2　超静定梁的有限差分方程和边界条件

对于超静定梁，仿照静定梁的差分方程可以建立如下方程：

$$y_{i-1} - 2y_i + y_{i+1} = h^2 \frac{M_i}{EI}, \quad i = 1, 2, \cdots, n-1 \qquad (6\text{-}11)$$

式中：

$$M_i = \sum M_i(F_j) + \sum M_i(F_{Rk}), \quad n \text{ 为分段数} \qquad (6\text{-}12)$$

式(6-12)中第一项为主动力对 i 截面的力矩，第二项为截面右侧支座反力对 i 截面的力矩，形如下式：

$$\sum M(F_{Rk}) = \sum (x_k - x_i) P_k \qquad (6\text{-}13)$$

将式(6-12)代入式(6-11)，可以得到

$$y_{i-1} - 2y_i + y_{i+1} - \frac{h^2}{EI} \sum (x_k - x_i) P_k = h^2 \frac{\sum M_i(F_j)}{EI}, \quad i = 1, 2, \cdots, n-1$$

$$(6\text{-}14)$$

式中，P_k 是 i 面右侧的支座反力。

如果梁的超静定次数为 m，则未知数的个数包括 $n+1$ 个位移和 $m+2$ 个约束反力，未知数的总数为 $n+m+3$ 个，需要补充方程的总数为 $m+4$ 个。

边界条件为

$$y_j = \bar{y}_j, \quad j = 0, 1, \cdots, m, m+1 \qquad (6\text{-}15)$$

补充的平衡方程形式如下：

$$\begin{cases} \sum F_i + \sum P_j = 0 \\ \sum M_O(F) + \sum M_O(P) = 0 \end{cases} \tag{6-16}$$

式中，$\sum F_i$、$\sum P_j$、$\sum M_O(F)$ 和 $\sum M_O(P)$ 分别是主动力和约束反力在坐标轴上的投影及对 O 点的力矩。将式(6-14)，式(6-15)，式(6-16)写成矩阵形式得

$$AX = B \tag{6-17}$$

求解式(6-17)可以求出截面位移和未知的约束反力。比较式(6-11)和式(6-14)，可见，超静定梁的差分方程多出了约束反力 P_k 的一项。

例 6.1　设超静定梁如图 6.3 所示，求梁中点的位移和 B 处的约束反力。

解　分别将梁分成 4 段，8 段和 16 段，4 段的求解方程组如下，计算结果见表 6.4。

$$y_0 - 2y_1 + y_2 - 3h^3 F_B = h^3 F$$
$$y_1 - 2y_2 + y_3 - 2h^3 F_B = 0$$
$$y_2 - 2y_3 + y_4 - h^3 F_B = 0$$
$$y_0 = 0$$
$$4y_1 - y_2 = 0$$
$$y_4 = 0$$

表 6.4　悬臂超静定梁的计算结果

计算结果	$F_B(P)$	$f_C\left(\dfrac{l^3}{EI}\right)$	相对误差 $\delta F/\delta f(100\%)$
4 段	0.25	0.00781	20/14.2
8 段	0.2977	0.00884	4.7/3.0
16 段	0.3088	0.00904	1.2/0.76
解析解	0.3125	0.00911	

例 6.2　设连续梁如图 6.4 所示，试求梁的支座反力和梁的变形，与精确解比较。

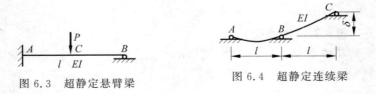

图 6.3　超静定悬臂梁　　　　　图 6.4　超静定连续梁

解　将梁分成 8 段，建立求解方程组如下：

$$y_0 - 2y_1 + y_2 - 3h^3 F_1 - 7h^3 F_2 = 0$$

$$y_1 - 2y_2 + y_3 - 2h^3 F_1 - 6h^3 F_2 = 0$$

$$y_2 - 2y_3 + y_4 - 1h^3 F_1 - 5h^3 F_2 = 0$$

$$y_3 - 2y_4 + y_5 - 4h^3 F_2 = 0$$

$$y_4 - 2y_5 + y_6 - 3h^3 F_2 = 0$$

$$y_5 - 2y_6 + y_7 - 2h^3 F_2 = 0$$

$$y_6 - 2y_7 + y_8 - h^3 F_2 = 0$$

$$y_0 = 0$$

$$4y_1 - y_2 = 0$$

$$y_4 = 0$$

$$y_8 = \delta$$

解方程组可以得到约束反力和梁的变形,结果见表 6.5。由计算结果可见,将梁分成 8 段,计算误差已经小于 5%。

表 6.5 连续梁的计算结果

计算结果	y_1	y_2	y_3	y_4	y_5	y_6	y_7	y_8	F_B	F_C
	乘子 δ								乘子 $\dfrac{\delta EI}{l^3}$	
8 段	−0.0567	−0.0908	−0.0795	0	0.1704	0.409	0.693	1	−23.27	11.638
解析解	−0.0586	−0.0938	−0.0802	0	0.168	0.406	0.691	1	−24	12
相对误差 δ%	−3.2	−3.2	−0.9	0	1.4	0.7	0.3	0	−3.0	−3.0

从上述算例可以看出,有限差分法能够用于超静定梁的变形计算,当分段数增加时计算精度较高。

6.3 超静定梁变形计算的积分法

超静定梁是工程中常见的结构,此类结构与静定结构比较,具有很多优点,例如:可以用较低的经济造价获得较高的强度与刚度,工作性能良好,超静定结构的个别构件或约束失效后,会引起结构内力的重新分配,但结构仍可能具有一定的承载能力,个别构件的失效可以对结构整体失效发出预警信息,还可为修复赢得时间等,因而工程结构多数都是超静定结构。过去人们常常是用叠加法解决这类结构的强度、刚度问题,但对于需要进行刚度校核的超静定梁来说用积分法会更为方便。

6.3.1 用叠加法求解超静定梁存在的问题

用叠加法求解超静定梁的过程是:首先将静不定梁上的多余约束除去得到

"静定基本系统",简称静定基。然后在静定基上加上外载荷以及多余约束力,因为
叠加法自身不独立,需要通过查表确定各力在多余约束力作用处所产生的变形,将
其与静不定梁相比较,找到变形协调条件,进而得到求解静不定问题所需的补充方
程。最后联立静力平衡方程和补充方程求解静不定梁的全部内力和约束反力。但
对于需要进行刚度计算的超静定梁来说,还要继续用叠加法求变形,这样就增加了
解决问题所需的工作量。

6.3.2　用积分法直接求解超静定梁的变形

　　用积分法求弯曲变形的最大优点是可以直接得到剪力方程和弯矩方程;缺点
是分段多、积分常数多,而且在列挠曲线近似微分方程时首先要写出弯矩方程,但
由于超静定梁的约束反力不能全部由平衡方程求出,这样也就不能求出弯矩方程
了,所以人们通常认为积分法只能解静定问题。实际上,用积分法求弯曲变形时,
是将挠曲线近似微分方程对变量 x 进行积分,未知的约束反力与变量 x 无关,所
以只需将弯矩方程写成未知的约束反力和变量 x 的函数,对变量 x 积分时把未知
的约束反力看成常量就可以了。

　　如图 6.5 所示二次超静定梁,其上作用有主动力 F、q、M,多余约束反力设为
F_R、M_R。

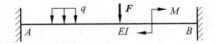

图 6.5　超静定梁的结构与载荷

　　首先通过平衡方程将所有约束反力表示成多余约束反力 F_R、M_R 的函数。如
取 B 截面的反力和力偶为多余反力,列出各段的弯矩方程:

$$M_i = M_{Pi}(x_i) + F_R \alpha_i(x_i) + M_R \beta_i(x_i), \quad i = 1, 2, \cdots, n \quad (6\text{-}18)$$

其中

$$M_{Pi}(x_i) = q f_{qi}(x_i) + F f_{Fi}(x_i) + M f_{Mi}(x_i), \quad i = 1, 2, \cdots, n$$

挠曲线近似微分方程为

$$EIy''_i = M_{Pi}(x_i) + F_R \cdot \alpha_i(x_i) + M_R \cdot \beta_i(x_i), \quad i = 1, 2, \cdots, n \quad (6\text{-}19)$$

转角方程为

$$EIy'_i = \int M_{Pi}(x_i)\mathrm{d}x + F_R \int \alpha_i(x_i)\mathrm{d}x + M_R \int \beta_i(x_i)\mathrm{d}x + C_i, \quad i = 1, 2, \cdots, n$$

$$(6\text{-}20)$$

挠曲线方程为

$$EIy_i = \int \left[\int M_{Pi}(x_i)\mathrm{d}x \right] \mathrm{d}x + F_R \int \left[\int \alpha_i(x_i)\mathrm{d}x \right] \mathrm{d}x +$$

$$M_R \int \left[\int \beta_i(x_i)\mathrm{d}x \right] \mathrm{d}x + C_i x_i + D_i, \quad i = 1, 2, \cdots, n \quad (6\text{-}21)$$

由边界条件：

$$x_1 = 0 \text{ 时}, y_1 = 0, y_1' = 0; \quad x_n = l \text{ 时}, y_n = 0, y_n' = 0$$

连续性条件：

$$x_i^- = x_i^+; \quad y_i^- = y_i^+, \quad y_i^{-\prime} = y_i^{+\prime}, \quad i = 1, 2, \cdots, n-1$$

确定 $F_R, M_R, C_i, D_i, i = 1, 2, \cdots, n$，共 $2(n+1)$ 个未知量。

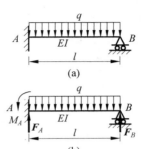

图 6.6　超静定梁的结构与载荷
（a）超静定梁；（b）静定基

对于不需分段的超静定梁来说，我们只需用边界条件就可确定积分常数和多余约束反力。

例 6.3　如图 6.6 所示超静定梁，设 F_B 为多余约束反力，则由平衡方程

$$\sum F_y = 0: \quad F_A - ql + F_B = 0$$

$$\sum M_A = 0: \quad M_A - ql \cdot \frac{1}{2} + F_B \cdot l = 0$$

得

$$F_A = ql - F_B, \quad M_A = ql \cdot \frac{l}{2} - F_B \cdot l$$

列出弯矩方程：

$$M = -\frac{1}{2}qx^2 - M_A + F_A \cdot x$$

$$= -\frac{1}{2}qx^2 + qlx - \frac{1}{2}ql^2 - F_B(x-l), \quad 0 \leqslant x \leqslant l$$

挠曲线近似微分方程为：

$$EIy'' = -\frac{1}{2}qx^2 + qlx - \frac{1}{2}ql^2 - F_B(x-l)$$

转角方程：

$$EIy' = -\frac{1}{6}qx^3 + \frac{1}{2}qlx^2 - \frac{1}{2}ql^2x - \frac{1}{2}F_B(x-l)^2 + C$$

挠曲线方程：

$$EIy = -\frac{1}{24}qx^4 + \frac{1}{6}qlx^3 - \frac{1}{4}ql^2x^2 - \frac{1}{6}F_B(x-l)^3 + C \cdot x + D$$

由边界条件：

$$x = 0 \text{ 时}, y = 0, y' = 0; \quad x = l \text{ 时}, y = 0$$

得到：

$$C = \frac{3}{16}q \cdot l^3, \quad D = -\frac{1}{16}q \cdot l^4, \quad F_B = \frac{3}{8}ql$$

挠曲线方程：

$$EIy = -\frac{1}{24}qx^4 + \frac{1}{6}qlx^3 - \frac{1}{4}ql^2x^2 - \frac{3}{48}ql(x-l)^3 + \frac{3}{16}ql^3 \cdot x - \frac{1}{16}ql^4$$

对于需要分段的超静定梁来说，就需用边界条件和连续条件来确定积分常数和多余的约束反力。

例 6.4 如图 6.7 所示超静定梁，设 F_C 为多余约束反力，则由平衡方程

$$\sum F_y = 0: \quad F_A - F + F_B + F_C = 0$$

$$\sum M_B = 0: \quad -F_A \cdot 2l + F \cdot l + F_C \cdot l = 0$$

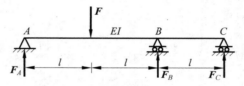

图 6.7　超静定连续梁的结构与载荷

得

$$F_A = \frac{1}{2}(F + F_C), \quad F_B = \frac{1}{2}(F - 3F_C)$$

第一段：挠曲线近似微分方程

$$EIy_1'' = \frac{1}{2}(F + F_C)x_1$$

转角方程

$$EIy_1' = \frac{1}{4}(F + F_C)x_1^2 + C_1$$

挠曲线方程

$$EIy_1 = \frac{1}{2}(F + F_C)x_1^3 + C_1x_1 + D_1, \quad 0 \leqslant x_1 \leqslant l$$

第二段：挠曲线近似微分方程

$$EIy_2'' = \frac{1}{2}(F_C - F)x_2 + Fl$$

转角方程

$$EIy_2' = \frac{1}{4}(F_C - F)x_2^2 + Fl \cdot x_2 + C_2$$

挠曲线方程

$$EIy_2 = \frac{1}{12}(F_C - F)x_2^3 + \frac{1}{2}Fl \cdot x_2^2 + C_2 x_2 + D_2, \quad l \leqslant x_2 \leqslant 2l$$

第三段：挠曲线近似微分方程

$$EIy''_3 = -F_C(x_3 - 3l)$$

转角方程

$$EIy'_3 = -\frac{1}{2}F_C(x_3 - 3l)^2 + C_3$$

挠曲线方程

$$EIy_3 = -\frac{1}{6}F_C(x_3 - 3l)^3 + C_3 x_3 + D_3, \quad 2l \leqslant x_2 \leqslant 3l$$

由边界条件：

$$x_1 = 0 \text{ 时}, y_1 = 0; \quad x_2 = 2l \text{ 时}, y_2 = 0$$
$$x_3 = 2l \text{ 时}, y_3 = 0; \quad x_3 = 3l \text{ 时}, y_3 = 0$$

连续性条件：

$$x_1 = x_2 = l \text{ 时}: y_1 = y_2, y'_1 = y'_2; \quad x_2 = x_3 = 2l \text{ 时}: y'_2 = y'_3$$

得到

$$C_1 = -\frac{1}{6}Fl^2, \quad C_2 = -\frac{2}{3}Fl^2, \quad C_3 = -\frac{1}{24}Fl^2$$

$$D_1 = 0, \quad D_2 = \frac{1}{6}Fl^3, \quad D_3 = \frac{1}{8}Fl^3, \quad F_C = -\frac{1}{4}F$$

第一段转角方程、挠曲线方程

$$EIy'_1 = \frac{3}{16}Fx_1^2 - \frac{1}{6}Fl^2$$

$$EIy_1 = \frac{1}{16}Fx_1^3 - \frac{1}{6}Fl^2 x_1, \quad 0 \leqslant x_1 \leqslant l$$

第二段转角方程、挠曲线方程

$$EIy'_2 = -\frac{5}{16}Fx_2^2 + Flx_2 - \frac{2}{3}Fl^2$$

$$EIy_2 = -\frac{5}{48}Fx_2^3 + \frac{1}{2}Flx_2^2 - \frac{2}{3}Fl^2 x_2 + \frac{1}{6}Fl^3, \quad l \leqslant x_2 \leqslant 2l$$

第三段转角方程、挠曲线方程

$$EIy'_3 = \frac{1}{8}F(x_3 - 3l)^2 - \frac{1}{24}Fl^2$$

$$EIy_3 = \frac{1}{24}F(x_3 - 3l)^3 - \frac{1}{24}Fl^2 x_3 + \frac{1}{8}Fl^3, \quad 2l \leqslant x_2 \leqslant 3l$$

从以上例题可以看出：用积分法求解超静定梁时，可直接把多余约束反力和梁的转角方程、挠曲线方程全部解出。

积分法是求解梁平面弯曲的变形的基本方法,无论是静定梁还是超静定梁,都可以用积分法直接得到整个梁的转角方程和挠曲线方程,为梁的刚度计算提供了必要的条件。当然,用积分法求变形的缺点依然存在,这就是当分段较多时,要通过边界条件和连续性条件来确定多余约束反力和积分常数,这就需要解一个多元的线性代数方程组。考虑到用计算机来解一个多元的线性代数方程组已经十分方便,所以,用积分法求超静定梁的变形是一种很好的方法,在很多情况下这种方法会比叠加法更方便、实用。

6.4　超静定梁力与变形计算的混合方法

超静定梁的载荷与结构如图 6.8 所示,去掉支座 B 的约束,代以约束反力 F_B,从距 A 截面为 x 处将截面截开,得到图 6.9 和图 6.10。设截面的剪力和弯矩分别为 F_x、M_x,截面的转角和挠度分别为 θ_x、f_x。

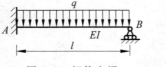

图 6.8　超静定梁

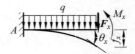

图 6.9　变形计算的部分梁

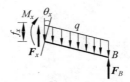

图 6.10　用于平衡方程和协调方程列式的部分梁

由图 6.9,截面 x 的转角和挠度分别为

$$\begin{cases} \theta_x = -\dfrac{qx^3}{6EI} + \dfrac{M_x x}{EI} - \dfrac{F_x x^2}{2EI} \\ f_x = -\dfrac{qx^4}{8EI} + \dfrac{M_x x^2}{2EI} - \dfrac{F_x x^3}{3EI} \end{cases} \tag{6-22}$$

其中,EI 是梁的抗弯刚度。

由图 6.10 可以列出梁的平衡方程

$$\begin{cases} \sum Y = 0: F_x - q(l-x) + F_B = 0 \\ \sum M_x = 0: -M_x - \dfrac{1}{2}q(l-x)^2 + F_B(l-x) = 0 \end{cases} \tag{6-23}$$

图 6.8 的协调方程为 $f_B = 0$,即

$$f_x + \theta_x(l-x) - \frac{q(l-x)^4}{8EI} + \frac{F_B(l-x)^3}{3EI} = 0 \qquad (6\text{-}24)$$

方程(6-22)~方程(6-24)称为梁变形与内力计算的混合计算方法的方程,包括了变形方程(6-22),平衡方程(6-23)和协调方程(6-24),可以用这些方程同时求出未知的约束反力 F_B、截面的剪力 F_x 和弯矩 M_x,以及截面的变形转角 θ_x 和挠度 f_x。

　　与传统梁变形计算方法不同的是,采用混合方法求出的梁截面内力与变形均为任意截面的。

6.5　超静定梁力与变形计算的位移法

　　位移法需要求解的方程为以位移表示的平衡方程。从式(6-22)中消去截面的剪力 F_x 和弯矩 M_x,从式(6-24)中消去支座 B 的约束反力 F_B,然后将 F_x、M_x 和 F_B 的表达式代入平衡方程式(6-23),得到以位移 θ_x 和 f_x 表示的平衡方程:

$$\begin{cases} 3 \cdot \left[\dfrac{2}{x^2} - \dfrac{1}{(l-x)^2}\right]\theta_x - 3 \cdot \left[\dfrac{4}{x^3} + \dfrac{1}{(l-x)^3}\right]f_x = \dfrac{q}{8EI}(5l-x) \\[2mm] -\left[\dfrac{4}{x} - \dfrac{3}{(l-x)}\right]\theta_x + 3 \cdot \left[\dfrac{2}{x^2} - \dfrac{1}{(l-x)^2}\right]f_x = \dfrac{q}{24EI}\left[3(l-x)^2 - 2x^2\right] \end{cases}$$

$$(6\text{-}25)$$

求解式(6-25),可以得到梁任意截面的挠度和转角。

　　求出截面的变形以后,代入式(6-24)求出约束反力 F_B,再代入式(6-23)求出截面的剪力 F_x 和弯矩 M_x。

　　与传统超静定梁变形计算方法不同的是,采用位移法求出的梁截面内力与变形均为任意截面的。

6.6　超静定梁力与变形计算的力法

　　力法的求解方程为平衡方程和以力表示的协调方程。从混合法的方程出发,将方程(6-22)的梁截面转角 θ_x 和挠度 f_x 代入式(6-24)得到以未知截面剪力 F_x 和弯矩 M_x 表示的协调方程,

$$\frac{x}{2}(2l-x)M_x - \frac{x^2}{6}(3l-x)F_x + \frac{1}{3}(l-x)^3 F_B$$

$$= \frac{q}{24}\left[3x^4 + 4x^3(l-x) + 3(l-x)^4\right] \qquad (6\text{-}26)$$

式(6-26)和式(6-23)可以用于求出梁截面的内力 F_x、M_x 和约束反力 F_B。求出截面内力以后,用式(6-22)再求出梁截面的转角 θ_x 和挠度 f_x。

与传统计算方法不同的是,采用力法求出的内力和梁截面的变形均为任意截面的。

例 6.5 设梁的载荷与结构如图 6.8 所示,试求约束反力 F_B、梁任意截面的剪力 F_x 和弯矩 M_x。

解 将 $x=l$ 代入平衡方程式(6-23),导出用 F_B 表示的 F_x 和 M_x,再将 F_x 和 M_x 代入以力表示的协调方程式(6-26),得到约束反力 $F_B=\dfrac{3ql}{8}$,将 F_B 代入平衡方程式(6-23),得到梁截面的剪力和弯矩分别为

$$F_x = -qx + \frac{5ql}{8}$$

$$M_x = -\frac{1}{2}qx^2 + \frac{5}{8}qlx - \frac{1}{8}ql^2$$

从以上的内容可以看出,混合法的求解方程,包括变形方程、平衡方程和协调方程,可以同时得到截面的内力方程、约束反力和截面的挠度和转角方程;位移法的求解方程为以位移表示的平衡方程,可以得到截面的挠度和转角方程;力法的求解方程为以力表示的协调方程与平衡方程,可以得到约束反力和截面的内力方程。从可以得到截面内力和变形方程的角度看,本节的混合法、位移法和力法具有一定的优越性。

将本节的混合法与第 5 章梁变形的通用计算方法结合,可以将本节介绍的计算方法推广到任意形式超静定梁力与变形的计算。

附录A

习题参考答案

第 3 章

习题 3.1 数据文件：

序号	变量/数组	数据文件 EXC31.DAT
1	M,N,NC,NG	5,4,2,1
2	MP(2×M)	1,4,3,4,2,3,1,2,2,4
3	Pxy(2×N)	0,1,1,1,1,0,0,0
4	NGP(NG)	2
5	GP(2×NG)	−1,0
6	NCP(NC)	1,3
7	INC(2×NC)	0,1,1,1

习题 3.1 结果文件：

乘子,力(*P*)

THE CONDITION OF THE STRUCTURE

M,N,NC,NG

    5   4   2   1

THE NODE NUMBER OF THE RODS

    1   4   3   4   2   3

    1   2   2   4

THE COORDINATES OF THE NODES

  0.000000E+00   1.000000   1.000000   1.000000

    1.000000   0.000000E+00   0.000000E+00   0.000000E+00

THE NUMBER OF RODS WITH EXTERIOR FORCES

    2

THE FORCES ACTING AT THE NODES

   −1.000000   0.000000E+00

THE NUMBER OF NODE WITH CONSTRICTIION

    1   3

THE INFORMATION OF THE CONSTRICTION
    0   1   1   1
THE FORCE VALUE OF THE RODS
    THE NUMBER OF ROD   S(1) =   1.000000
    THE NUMBER OF ROD   S(2) =   1.000000
    THE NUMBER OF ROD   S(3) =   1.000000
    THE NUMBER OF ROD   S(4) =   .000000
    THE NUMBER OF ROD   S(5) =   − 1.414213
REACTION FORCES
    THE NUMBER OF NODE   1   RY =   1.000000
    THE NUMBER OF NODE   3   RX =   1.000000
    THE NUMBER OF NODE   3   RY =   − 1.000000

习题 3.2 数据文件：

序号	变量/数组	数据文件 EXC32.DAT
1	M,N,NC,NG	5,4,2,1
2	MP(2×M)	1,4,3,4,2,3,1,3,2,4
3	Pxy(2×N)	0,0,1,0,1,1,0,1
4	NGP(NG)	4
5	GP(2×NG)	1,0
6	NCP(NC)	1,2
7	INC(2×NC)	1,1,0,1

习题 3.2 结果文件：

乘子,力(P)
THE CONDITION OF THE STRUCTURE
 M,N,NC,NG
        5   4   2   1
THE NODE NUMBER OF THE RODS
        1   4   3   4   2   3
        1   3   2   4
THE COORDINATES OF THE NODES
    0.000000E + 00   0.000000E + 00   1.000000   0.000000E + 00
        1.000000   1.000000   0.000000E + 00   1.000000
THE NUMBER OF RODS WITH EXTERIOR FORCES
        4
THE FORCES ACTING AT THE NODES
    1.000000   0.000000E + 00
THE NUMBER OF NODE WITH CONSTRICTIION
        1   2
THE INFORMATION OF THE CONSTRICTION
        1   1   0   1

```
THE FORCE VALUE OF THE RODS
    THE NUMBER OF ROD    S( 1) =      .000000
    THE NUMBER OF ROD    S( 2) =    − 1.000000
    THE NUMBER OF ROD    S( 3) =    − 1.000000
    THE NUMBER OF ROD    S( 4) =     1.414213
    THE NUMBER OF ROD    S( 5) =      .000000
REACTION FORCES
    THE NUMBER OF NODE    1    RX =   − 1.000000
    THE NUMBER OF NODE    1    RY =   − 1.000000
    THE NUMBER OF NODE    2    RY =    1.000000
```

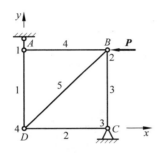

习题 3.1 解答用图

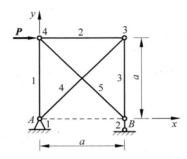

习题 3.2 解答用图

习题 3.3 数据文件：

序号	变量/数组	数据文件 EXC33.DAT
1	M,N,NC,NG	9,6,2,1
2	MP(2×M)	5,6,3,5,3,6,4,6,3,4,1,3,2,3,2,4,1,2
3	Pxy(2×N)	0,0,1,0,0,1,1,1,0,2,1,2
4	NGP(NG)	5
5	GP(2×NG)	1,0
6	NCP(NC)	1,2
7	INC(2×NC)	1,1,0,1

习题 3.3 结果文件：

乘子,力(P)

```
THE CONDITION OF THE STRUCTURE
 M,N,NC,NG
         9            6            2            1
 THE NODE NUMBER OF THE RODS
         5            6            3            5            3            6
         4            6            3            4            1            3
         2            3            2            4            1            2
```

```
THE COORDINATES OF THE NODES
    0.000000E+00    0.000000E+00        1.000000    0.000000E+00
    0.000000E+00        1.000000        1.000000        1.000000
    0.000000E+00        2.000000        1.000000        2.000000
THE NUMBER OF RODS WITH EXTERIOR FORCES
        5
THE FORCES ACTING AT THE NODES
        1.000000    0.000000E+00
THE NUMBER OF NODE WITH CONSTRICTIION
        1               2
THE INFORMATION OF THE CONSTRICTION
        1               1           0               1
THE FORCE VALUE OF THE RODS
    THE NUMBER OF ROD    S( 1) =    -1.000000
    THE NUMBER OF ROD    S( 2) =      .000000
    THE NUMBER OF ROD    S( 3) =     1.414213
    THE NUMBER OF ROD    S( 4) =    -1.000000
    THE NUMBER OF ROD    S( 5) =      .000000
    THE NUMBER OF ROD    S( 6) =     2.000001
    THE NUMBER OF ROD    S( 7) =    -1.414214
    THE NUMBER OF ROD    S( 8) =    -1.000000
    THE NUMBER OF ROD    S( 9) =     1.000000
REACTION FORCES
    THE NUMBER OF NODE    1    RX =    -1.000000
    THE NUMBER OF NODE    1    RY =    -2.000001
    THE NUMBER OF NODE    2    RY =     2.000000
```

习题 3.4 数据文件：

序号	变量/数组	数据文件 EXC34.DAT
1	M,N,NC,NG	9,6,2,1
2	MP(2×M)	1,5,3,5,3,4,3,6,2,6,2,4,4,6,1,4,4,5
3	Pxy(2×N)	0,0,2,0,1,1.732,1,0,0.5,0.866,1.5,0.866
4	NGP(NG)	6
5	GP(2×NG)	1,0
6	NCP(NC)	1,2
7	INC(2×NC)	1,1,0,1

习题 3.4 结果文件：

乘子,力(P)
```
THE CONDITION OF THE STRUCTURE
M,N,NC,NG
        9               6               2               1
```

```
THE NODE NUMBER OF THE RODS
        1           5           3           5           3           4
        3           6           2           6           2           4
        4           6           1           4           4           5
THE COORDINATES OF THE NODES
  0.000000E + 00    0.000000E + 00      2.000000      0.000000E + 00
      1.000000          1.732000        1.000000      0.000000E + 00
  5.000000E - 01    8.660000E - 01      1.500000      8.660000E - 01
THE NUMBER OF RODS WITH EXTERIOR FORCES
        6
THE FORCES ACTING AT THE NODES
      1.000000      0.000000E + 00
THE NUMBER OF NODE WITH CONSTRICTIION
        1           2
THE INFORMATION OF THE CONSTRICTION
        1           1           0           1
THE FORCE VALUE OF THE RODS
      THE NUMBER OF ROD    S( 1) =        .499989
      THE NUMBER OF ROD    S( 2) =        .499989
      THE NUMBER OF ROD    S( 3) =       - .866000
      THE NUMBER OF ROD    S( 4) =        .499989
      THE NUMBER OF ROD    S( 5) =       - .499989
      THE NUMBER OF ROD    S( 6) =        .250000
      THE NUMBER OF ROD    S( 7) =        .999978
      THE NUMBER OF ROD    S( 8) =        .750000
      THE NUMBER OF ROD    S( 9) =        .000000
REACTION FORCES
      THE NUMBER OF NODE    1    RX =     - 1.000000
      THE NUMBER OF NODE    1    RY =     - .433000
      THE NUMBER OF NODE    2    RY =       .433000
```

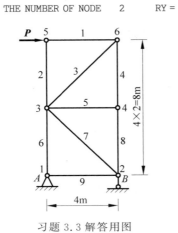

习题 3.3 解答用图

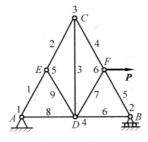

习题 3.4 解答用图

习题 3.5 数据文件：

序号	变量/数组	数据文件 EXC35.DAT
1	M,N,NC,NG	7,5,2,2
2	MP(2×M)	1,3,1,5,3,5,4,5,3,4,2,4,2,3
3	Pxy(2×N)	0,0,4,0,2,1,2.5,2,1.5,2
4	NGP(NG)	3,4
5	GP(2×NG)	0,−4,1,0
6	NCP(NC)	1,2
7	INC(2×NC)	1,1,0,1

习题 3.5 结果文件：

乘子,力(P)
THE CONDITION OF THE STRUCTURE
 M,N,NC,NG

　　　　7　　　　　5　　　　　2　　　　　2
 THE NODE NUMBER OF THE RODS
　　　　1　　　　　3　　　　　1　　　　　5　　　　　3　　　　5
　　　　4　　　　　5　　　　　3　　　　　4　　　　　2　　　　4
　　　　2　　　　　3
 THE COORDINATES OF THE NODES
　0.000000E+00　　0.000000E+00　　4.000000　　0.000000E+00
　　2.000000　　　1.000000　　　2.500000　　　2.000000
　　1.500000　　　2.000000
 THE NUMBER OF RODS WITH EXTERIOR FORCES
　　　　3　　　　　4
 THE FORCES ACTING AT THE NODES
　0.000000E+00　　　−4.000000　　　1.000000　　0.000000E+00
 THE NUMBER OF NODE WITH CONSTRICTIION
　　　　1　　　　　2
 THE INFORMATION OF THE CONSTRICTION
　　　　1　　　　　1　　　　　0　　　　　1
 THE FORCE VALUE OF THE RODS
　　THE NUMBER OF ROD　　S(1) =　　3.801314
　　THE NUMBER OF ROD　　S(2) =　　−4.000000
　　THE NUMBER OF ROD　　S(3) =　　3.577709
　　THE NUMBER OF ROD　　S(4) =　　−4.000000
　　THE NUMBER OF ROD　　S(5) =　　4.472136
　　THE NUMBER OF ROD　　S(6) =　　−5.000000
　　THE NUMBER OF ROD　　S(7) =　　3.354102

```
REACTION FORCES
    THE NUMBER OF NODE    1    RX =    - .999999
    THE NUMBER OF NODE    1    RY =    1.500000
    THE NUMBER OF NODE    2    RY =    2.500000
```

习题 3.6 数据文件：

序号	变量/数组	数据文件 EXC36. DAT
1	M,N,NC,NG	7,5,2,2
2	MP(2×M)	4,5,3,5,3,4,2,3,2,4,1,4,1,2
3	Pxy(2×N)	0,0,0,4,1,5.5,2,4,4,5.5
4	NGP(NG)	3,5
5	GP(2×NG)	0,−2,0,−1
6	NCP(NC)	1,2
7	INC(2×NC)	1,1,1,0

习题 3.6 结果文件：

乘子,力(P)

```
THE CONDITION OF THE STRUCTURE
 M,N,NC,NG
            7           5           2           2
 THE NODE NUMBER OF THE RODS
            4           5           3           5           3           4
            2           3           2           4           1           4
            1           2
 THE COORDINATES OF THE NODES
    0.000000E+00    0.000000E+00    0.000000E+00    4.000000
        1.000000        5.500000        2.000000        4.000000
        4.000000        5.500000
 THE NUMBER OF RODS WITH EXTERIOR FORCES
            3           5
 THE FORCES ACTING AT THE NODES
    0.000000E+00       - 2.000000    0.000000E+00      - 1.000000
 THE NUMBER OF NODE WITH CONSTRICTIION
            1           2
 THE INFORMATION OF THE CONSTRICTION
            1           1           1           0
 THE FORCE VALUE OF THE RODS
    THE NUMBER OF ROD    S( 1) =      - 1.666667
    THE NUMBER OF ROD    S( 2) =        1.333333
    THE NUMBER OF ROD    S( 3) =      - 2.403701
    THE NUMBER OF ROD    S( 4) =         .000000
    THE NUMBER OF ROD    S( 5) =        1.500000
```

```
THE NUMBER OF ROD    S( 6) =    - 3.354102
THE NUMBER OF ROD    S( 7) =      .000000
REACTION FORCES
THE NUMBER OF NODE    1    RX =     1.500000
THE NUMBER OF NODE    1    RY =     3.000000
THE NUMBER OF NODE    2    RX =    - 1.500000
```

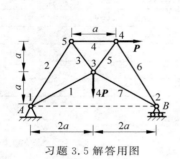

习题 3.5 解答用图

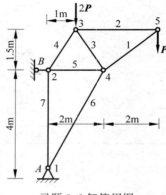

习题 3.6 解答用图

习题 3.7 数据文件：

序号	变量/数组	数据文件 EXC37. DAT
1	M,N,NC,NG	9,6,2,1
2	MP(2×M)	3,4,2,3,5,6,1,2,1,4,4,6,3,6,1,5,2,5
3	Pxy(2×N)	0,0,1,0,1,1,0,1,0.33333,0.5,0.66666,0.5
4	NGP(NG)	6
5	GP(2×NG)	0,-1
6	NCP(NC)	1,2
7	INC(2×NC)	1,1,0,1

习题 3.7 结果文件：

乘子,力(*P*)

```
THE CONDITION OF THE STRUCTURE
 M, N, NC, NG
          9           6           2           1
 THE NODE NUMBER OF THE RODS
          3           4           2           3           5           6
          1           2           1           4           4           6
          3           6           1           5           2           5
```

```
THE COORDINATES OF THE NODES
    0.000000E + 00      0.000000E + 00          1.000000      0.000000E + 00
        1.000000          1.000000      0.000000E + 00          1.000000
    3.333300E - 01      5.000000E - 01      6.666600E - 01      5.000000E - 01
THE NUMBER OF RODS WITH EXTERIOR FORCES
        6
THE FORCES ACTING AT THE NODES
    0.000000E + 00          - 1.000000
THE NUMBER OF NODE WITH CONSTRICTIION
        1               2
THE INFORMATION OF THE CONSTRICTION
        1               1               0               1
THE FORCE VALUE OF THE RODS
    THE NUMBER OF ROD    S( 1) =        - .444449
    THE NUMBER OF ROD    S( 2) =        - .666660
    THE NUMBER OF ROD    S( 3) =          .000000
    THE NUMBER OF ROD    S( 4) =          .000000
    THE NUMBER OF ROD    S( 5) =        - .333340
    THE NUMBER OF ROD    S( 6) =          .555563
    THE NUMBER OF ROD    S( 7) =          .801231
    THE NUMBER OF ROD    S( 8) =          .000000
    THE NUMBER OF ROD    S( 9) =          .000000
REACTION FORCES
    THE NUMBER OF NODE   1      RX =        .000000
    THE NUMBER OF NODE   1      RY =        .333340
    THE NUMBER OF NODE   2      RY =        .666660
```

习题 3.8 数据文件：

序号	变量/数组	数据文件 EXC38.DAT
1	M,N,NC,NG	9,6,2,3
2	MP(2×M)	1,5,1,6,5,6,4,5,3,4,4,6,3,6,2,3,2,6
3	Pxy(2×N)	0,0,10,0,7,2.4,5,4,3,2.4,5,1
4	NGP(NG)	5,4,3
5	GP(2×NG)	0,−3,0,−2,0,−3
6	NCP(NC)	1,2
7	INC(2×NC)	1,1,0,1

习题 3.8 结果文件：

乘子,力(P)

```
THE CONDITION OF THE STRUCTURE
 M,N,NC,NG
        9               6               2               3
```

THE NODE NUMBER OF THE RODS

1	5	1	6	5	6
4	5	3	4	4	6
3	6	2	3	2	6

THE COORDINATES OF THE NODES

0.000000E + 00	0.000000E + 00	10.000000	0.000000E + 00
7.000000	2.400000	5.000000	4.000000
3.000000	2.400000	5.000000	1.000000

THE NUMBER OF RODS WITH EXTERIOR FORCES

5	4	3

THE FORCES ACTING AT THE NODES

0.000000E + 00	− 3.000000	0.000000E + 00	− 2.000000
0.000000E + 00	− 3.000000		

THE NUMBER OF NODE WITH CONSTRICTIION

1	2

THE INFORMATION OF THE CONSTRICTION

1	1	0	1

THE FORCE VALUE OF THE RODS

THE NUMBER OF ROD　　S(1) = 　− 8.537494
THE NUMBER OF ROD　　S(2) = 　　6.798687
THE NUMBER OF ROD　　S(3) = 　− 2.441309
THE NUMBER OF ROD　　S(4) = 　− 5.976245
THE NUMBER OF ROD　　S(5) = 　− 5.976246
THE NUMBER OF ROD　　S(6) = 　　5.466662
THE NUMBER OF ROD　　S(7) = 　− 2.441311
THE NUMBER OF ROD　　S(8) = 　− 8.537497
THE NUMBER OF ROD　　S(9) = 　　6.798690

REACTION FORCES

THE NUMBER OF NODE　　1　　RX = 　　.000001
THE NUMBER OF NODE　　1　　RY = 　3.999998
THE NUMBER OF NODE　　2　　RY = 　4.000000

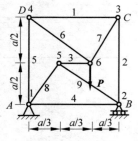

习题 3.7 解答用图

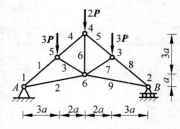

习题 3.8 解答用图

习题 3.9 数据文件：

序号	变量/数组	数据文件 EXC39. DAT
1	M,N,NC,NG	9,6,2,1
2	MP(2×M)	2,3,3,4,4,5,1,5,4,6,1,6,2,5,3,6,1,2
3	Pxy(2×N)	0,0,3,−3,9,−3,12,0,9,3,3,3
4	NGP(NG)	2
5	GP(2×NG)	0,−12
6	NCP(NC)	1,4
7	INC(2×NC)	1,1,0,1

习题 3.9 结果文件：

乘子,力(P)
THE CONDITION OF THE STRUCTURE
M, N, NC, NG

        9   6   2   1
THE NODE NUMBER OF THE RODS
        2   3   3   4   4   5
        1   5   4   6   1   6
        2   5   3   6   1   2
THE COORDINATES OF THE NODES
   0.000000E+00   0.000000E+00   3.000000   −3.000000
        9.000000   −3.000000   12.000000   0.000000E+00
        9.000000   3.000000   3.000000   3.000000
THE NUMBER OF RODS WITH EXTERIOR FORCES
        2
THE FORCES ACTING AT THE NODES
   0.000000E+00   −12.000000
THE NUMBER OF NODE WITH CONSTRICTIION
        1   4
THE INFORMATION OF THE CONSTRICTION
        1   1   0   1
THE FORCE VALUE OF THE RODS
     THE NUMBER OF ROD   S(1) =   1.999999
     THE NUMBER OF ROD   S(2) =   1.414213
     THE NUMBER OF ROD   S(3) =   − 3.535532
     THE NUMBER OF ROD   S(4) =   − 7.905691
     THE NUMBER OF ROD   S(5) =   1.581138
     THE NUMBER OF ROD   S(6) =   .707107
     THE NUMBER OF ROD   S(7) =   7.071067
     THE NUMBER OF ROD   S(8) =   − 1.414213
     THE NUMBER OF ROD   S(9) =   9.899494
REACTION FORCES

```
THE NUMBER OF NODE    1    RX =    -.000002
THE NUMBER OF NODE    1    RY =    8.999998
THE NUMBER OF NODE    4    RY =    2.999999
```

习题 3.10 数据文件：

序号	变量/数组	数据文件 EXC310.DAT
1	M,N,NC,NG	13,8,2,2
2	MP(2×M)	6,7,3,6,4,6,4,5,5,6,3,4,3,7,7,8,3,8,2,3,2,8,1,8,1,2
3	Pxy(2×N)	0,0,1,−1,2,−1,3,−1,4,0,3,0,2,0,1,0
4	NGP(NG)	6,7
5	GP(2×NG)	0,−50,0,−100
6	NCP(NC)	1,5
7	INC(2×NC)	1,1,0,1

习题 3.10 结果文件：

乘子,力(P)
THE CONDITION OF THE STRUCTURE
M,N,NC,NG

```
        13              8              2              2
THE NODE NUMBER OF THE RODS
         6              7              3              6              4              6
         4              5              5              6              3              4
         3              7              7              8              3              8
         2              3              2              8              1              8
         1              2
THE COORDINATES OF THE NODES
  0.000000E+00    0.000000E+00       1.000000        -1.000000
     2.000000       -1.000000        3.000000        -1.000000
     4.000000    0.000000E+00        3.000000     0.000000E+00
     2.000000    0.000000E+00        1.000000     0.000000E+00
THE NUMBER OF RODS WITH EXTERIOR FORCES
         6              7
THE FORCES ACTING AT THE NODES
  0.000000E+00      -50.000000    0.000000E+00     -100.000000
THE NUMBER OF NODE WITH CONSTRICTIION
         1              5
THE INFORMATION OF THE CONSTRICTION
         1              1              0              1
THE FORCE VALUE OF THE RODS
    THE NUMBER OF ROD    S( 1) =    -124.999900
    THE NUMBER OF ROD    S( 2) =      53.032980
```

```
THE NUMBER OF ROD    S( 3) =     - 87.499970
THE NUMBER OF ROD    S( 4) =      123.743600
THE NUMBER OF ROD    S( 5) =     - 87.499960
THE NUMBER OF ROD    S( 6) =       87.499950
THE NUMBER OF ROD    S( 7) =     - 99.999980
THE NUMBER OF ROD    S( 8) =    - 124.999900
THE NUMBER OF ROD    S( 9) =       88.388310
THE NUMBER OF ROD    S(10) =       62.499960
THE NUMBER OF ROD    S(11) =     - 62.499980
THE NUMBER OF ROD    S(12) =     - 62.500010
THE NUMBER OF ROD    S(13) =       88.388300
REACTION FORCES
THE NUMBER OF NODE    1     RX =       .000040
THE NUMBER OF NODE    1     RY =     62.499960
THE NUMBER OF NODE    5     RY =     87.499960
```

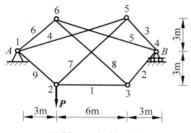

习题 3.9 解答用图

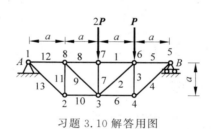

习题 3.10 解答用图

习题 3.11 数据文件：

序号	变量/数组	数据文件 EXC311.DAT
1	M,N,NC,NG	13,8,2,5
2	MP(2×M)	1,8,7,8,6,7,5,6,4,5,4,6,3,4,3,6,3,7,3,8,2,3,2,8, 1,2
3	Pxy(2×N)	0,0,1,0,2,0,3,0,4,0,3,0.5,2,1,1,0.5
4	NGP(NG)	1,5,6,7,8
5	GP(2×NG)	0,−1,0,−1,0,−2,0,−2,0,−2
6	NCP(NC)	1,5
7	INC(2×NC)	1,1,0,1

习题 3.11 结果文件：

乘子,力(P)

```
THE CONDITION OF THE STRUCTURE
  M,N,NC,NG
```

```
      13              8              2              5
THE NODE NUMBER OF THE RODS
       1              8              7              8              6              7
       5              6              4              5              4              6
       3              4              3              6              3              7
       3              8              2              3              2              8
       1              2
THE COORDINATES OF THE NODES
   0.000000E + 00    0.000000E + 00      1.000000     0.000000E + 00
      2.000000       0.000000E + 00      3.000000     0.000000E + 00
      4.000000       0.000000E + 00      3.000000     5.000000E - 01
      2.000000          1.000000         1.000000     5.000000E - 01
THE NUMBER OF RODS WITH EXTERIOR FORCES
       1              5              6              7              8
THE FORCES ACTING AT THE NODES
   0.000000E + 00      - 1.000000     0.000000E + 00     - 1.000000
   0.000000E + 00      - 2.000000     0.000000E + 00     - 2.000000
   0.000000E + 00      - 2.000000
THE NUMBER OF NODE WITH CONSTRICTIION
       1              5
THE INFORMATION OF THE CONSTRICTION
       1              1              0              1
THE FORCE VALUE OF THE RODS
       THE NUMBER OF ROD    S( 1) =    - 6.708196
       THE NUMBER OF ROD    S( 2) =    - 4.472130
       THE NUMBER OF ROD    S( 3) =    - 4.472132
       THE NUMBER OF ROD    S( 4) =    - 6.708197
       THE NUMBER OF ROD    S( 5) =      5.999993
       THE NUMBER OF ROD    S( 6) =    - .000001
       THE NUMBER OF ROD    S( 7) =      5.999993
       THE NUMBER OF ROD    S( 8) =    - 2.236063
       THE NUMBER OF ROD    S( 9) =      1.999997
       THE NUMBER OF ROD    S(10) =    - 2.236067
       THE NUMBER OF ROD    S(11) =      5.999996
       THE NUMBER OF ROD    S(12) =    - .000001
       THE NUMBER OF ROD    S(13) =      5.999996
REACTION FORCES
       THE NUMBER OF NODE    1     RX =    - .000003
       THE NUMBER OF NODE    1     RY =      3.999996
       THE NUMBER OF NODE    5     RY =      3.999997
```

习题 3.12 数据文件：

序号	变量/数组	数据文件 EXC312.DAT
1	M,N,NC,NG	29,16,2,5
2	MP(2×M)	1,14,13,14,12,13,11,12,10,11,9,10,8,9,7,8,6,7,6,8,6,9,5, 6,5,9,9,16,10,16,11,16,5,16,4,5,4,11,3,4,3,15,11,15,12, 15,13,15,3,13,2,3,2,13,2,14,1,2
3	Pxy(2×N)	0,0,5,0,10,0,15,0,20,0,25,0,30,0,26.25,2.165,22.5,4.33, 18.75,6.495,15,8.66,11.25,6.495,7.5,4.33,3.75,2.165,12.5, 4.33,17.5,4.33
4	NGP(NG)	7,8,9,10,11
5	GP(2×NG)	−0.5,−0.866,−0.5,−0.866,−0.5,−0.866,−0.5,−0.866, −0.5,−0.866
6	NCP(NC)	1,7
7	INC(2×NC)	1,1,0,1

习题 3.12 结果文件：

乘子,力(P)

THE CONDITION OF THE STRUCTURE

M,N,NC,NG

29	16	2	5

THE NODE NUMBER OF THE RODS

1	14	13	14	12	13
11	12	10	11	9	10
8	9	7	8	6	7
6	8	6	9	5	6
5	9	9	16	10	16
11	16	5	16	4	5
4	11	3	4	3	15
11	15	12	15	13	15
3	13	2	3	2	13
2	14	1	2		

THE COORDINATES OF THE NODES

0.000000E+00	0.000000E+00	5.000000	0.000000E+00
10.000000	0.000000E+00	15.000000	0.000000E+00
20.000000	0.000000E+00	25.000000	0.000000E+00
30.000000	0.000000E+00	26.250000	2.165000
22.500000	4.330000	18.750000	6.495000
15.000000	8.660000	11.250000	6.495000
7.500000	4.330000	3.750000	2.165000
12.500000	4.330000	17.500000	4.330000

```
THE NUMBER OF RODS WITH EXTERIOR FORCES
                7            8            9           10           11
THE FORCES ACTING AT THE NODES
   - 5.000000E - 01   - 8.660000E - 01   - 5.000000E - 01   - 8.660000E - 01
   - 5.000000E - 01   - 8.660000E - 01   - 5.000000E - 01   - 8.660000E - 01
   - 5.000000E - 01   - 8.660000E - 01
THE NUMBER OF NODE WITH CONSTRICTIION
                1            7
THE INFORMATION OF THE CONSTRICTION
                1            1            0            1
THE FORCE VALUE OF THE RODS
        THE NUMBER OF ROD    S( 1) =     - 2.886726
        THE NUMBER OF ROD    S( 2) =     - 2.886726
        THE NUMBER OF ROD    S( 3) =     - 2.886726
        THE NUMBER OF ROD    S( 4) =     - 2.886726
        THE NUMBER OF ROD    S( 5) =     - 4.041417
        THE NUMBER OF ROD    S( 6) =     - 4.041417
        THE NUMBER OF ROD    S( 7) =     - 4.041416
        THE NUMBER OF ROD    S( 8) =     - 4.041416
        THE NUMBER OF ROD    S( 9) =       2.999994
        THE NUMBER OF ROD    S(10) =      - .999976
        THE NUMBER OF ROD    S(11) =        .999976
        THE NUMBER OF ROD    S(12) =       1.999996
        THE NUMBER OF ROD    S(13) =     - 1.999953
        THE NUMBER OF ROD    S(14) =        .999999
        THE NUMBER OF ROD    S(15) =      - .999976
        THE NUMBER OF ROD    S(16) =       2.999929
        THE NUMBER OF ROD    S(17) =       1.999953
        THE NUMBER OF ROD    S(18) =        .000000
        THE NUMBER OF ROD    S(19) =        .000000
        THE NUMBER OF ROD    S(20) =        .000000
        THE NUMBER OF ROD    S(21) =        .000000
        THE NUMBER OF ROD    S(22) =        .000000
        THE NUMBER OF ROD    S(23) =        .000000
        THE NUMBER OF ROD    S(24) =        .000000
        THE NUMBER OF ROD    S(25) =        .000000
        THE NUMBER OF ROD    S(26) =        .000000
        THE NUMBER OF ROD    S(27) =        .000000
        THE NUMBER OF ROD    S(28) =        .000000
        THE NUMBER OF ROD    S(29) =        .000000
REACTION FORCES
        THE NUMBER OF NODE    1      RX =      2.499997
        THE NUMBER OF NODE    1      RY =      1.443331
        THE NUMBER OF NODE    7      RY =      2.886663
```

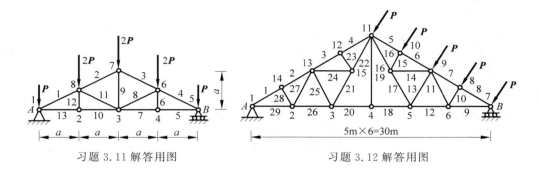

习题 3.11 解答用图   习题 3.12 解答用图

第 4 章

习题 4.1 数据文件：

序号	变量/数组	数据文件 EXC41.DAT
1	NE,MI,NC,NG	3,3,2,1
2	NKP(NG)	2
3	NFRE(NE)	3,3,3
4	MINF(5×MI)	2,0,90,6,12,2,0,90,8,12,1,−45,0,5,10
5	MP(2×MI)	1,2,2,3,1,3
6	NINF(6×NC)	2,0,90,0,0,0,2,0,90,0,10,0
7	NP(NC)	1,3
8	NGP(NG)	2
9	GINF(5×NG)	0,−1,0,6,12

习题 4.1 结果文件：

```
乘子,力(P)
NE = 3        MI = 3           NC = 2           NG = 1
I           NKP(I)
 2
I           NFRE(I)
 3  3  3
I           MINF(I)
 1            2    0  90   6    12   2            2  0  90   8    12
 3            1  − 45    0    5    10
NUMBER OF BODY RELATED BY MI
I           MP(I)
 1            2  2           3  1           3
THE INFORMATION ABOUT CONSTRICTION
I           NINF(I)
 1            2  0  90   0   0   0    2            2  0  90   0  10   0
```

```
I              NP(I)
 1             1    2              3
I              NGP(I)
 1             2
INFORMATION ABOUT LOAD
I              GINF(5 * I)
 1             0 - 1  0  6  12
INTERNAL FORCES
MI             1    SX( 1 ) = .250001990192785    SY( 1 ) = - 1.00000000000088
MI             2    SX( 2 ) = .250000663397888    SY( 2 ) = 6.6613381477568E - 16
MI             3    SR( 3 ) = - .848528700335817
REACTION FORCES
NC 1 RX( 1 ) = .349999601961619              RY( 1 ) = .400000000000352
NC 2 RX( 2 ) = - .350000928756516            RY( 2 ) = .600000000000528
```

习题 4.2 数据文件：

序号	变量/数组	数据文件 EXC42. DAT
1	NE,MI,NC,NG	6,7,2,2
2	NKP(NG)	2,2
3	NFRE(NE)	3,3,3,3,3,3
4	MINF(5×MI)	2,0,90,0,1,2,0,90,1,1,2,0,90,2,1 2,0,90,0,2,2,0,90,1,2,2,0,90,2,2,2,0,90,1,3
5	MP(2×MI)	1,3,1,2,2,4,3,5,3,4,4,6,5,6
6	NINF(6×NC)	2,0,90,0,0,0,2,0,90,0,2,0
7	NP(NC)	1,2
8	NGP(NG)	5,6
9	GINF(5×NG)	0,-1,0,1,3 1,0,0,2,3

习题 4.2 结果文件：

乘子,力(*P*)

```
NE = 6      MI = 7        NC = 2          NG = 2
I              NKP(I)
 2  2
I              NFRE(I)
 3  3  3  3  3  3
I              MINF(I)
 1             2  0  90  0  1  2          2  0  90  1  1
 3             2  0  90  2  1  4          2  0  90  0  2
 5             2  0  90  1  2  6          2  0  90  2  2
 7             2  0  90  1  3
```

```
NUMBER OF BODY RELATED BY MI
I           MP(I)
1           3  1        2  2        4  3        5
3           4  4        6  5        6
THE INFORMATION ABOUT CONSTRICTION
I           NINF(I)
1           2  0  90  0  0  0
2           2  0  90  0  2  0
I           NP(I)
1           1  2        2
I           NGP(I)
1           5  2        6
INFORMATION ABOUT LOAD
I           GINF(5 * I)
1           0 - 1  0  1  3
2           1  0  0  2  3
INTERNAL FORCES
MI      1    SX( 1 ) = .499999336602552      SY( 1 ) = .50000000000044
MI      2    SX( 2 ) = - 6.63397448517394E - 07    SY( 2 ) = .50000000000044
MI      3    SX( 3 ) = .500001990192345      SY( 3 ) = - 1.50000000000132
MI      4    SX( 4 ) = 0    SY( 4 ) = 0
MI      5    SX( 5 ) = .499999336602552      SY( 5 ) = .50000000000044
MI      6    SX( 6 ) = 1.0000013267949       SY( 6 ) = - 1.00000000000088
MI      7    SX( 7 ) = - 1.32679489672 - 06      SY( 7 ) = 1.00000000000088
REACTION FORCES
NC 1 RX( 1 ) = - .499998673205103      RY( 1 ) = - 1.00000000000088
NC 2 RX( 2 ) = - .500002653589793      RY( 2 ) = 2.00000000000176
```

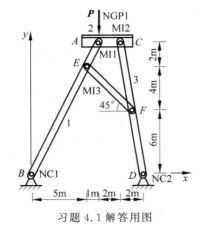

习题 4.1 解答用图

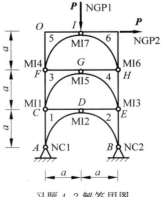

习题 4.2 解答用图

习题 4.3 数据文件：

序号	变量/数组	数据文件 EXC43.DAT
1	NE,MI,NC,NG	3,3,2,1
2	NKP(NG)	2
3	NFRE(NE)	3,3,3
4	MINF(5×MI)	1,30,0,0,1,2,0,90,0,2,2,0,90,1,2
5	MP(2×MI)	1,3,1,2,2,3
6	NINF(6×NC)	2,0,90,0,0,0,2,0,90,0,2,0
7	NP(NC)	1,3
8	NGP(NG)	2
9	GINF(5×NG)	0,−1,0,0.5,2

习题 4.3 结果文件：

乘子,力(P)

```
NE = 3        MI = 3           NC = 2          NG = 1
I             NKP(I)
 2
I             NFRE(I)
 3
 3
 3
I             MINF(I)
 1            1  30   0   0   1
 2            2   0  90   0   2
 3            2   0  90   1   2
NUMBER OF BODY RELATED BY MI
I             MP(I)
 1            3
 1            2
 2            3
THE INFORMATION ABOUT CONSTRICTION
I             NINF(I)
 1            2  0  90  0  0  0
 2            2  0  90  0  2  0
I             NP(I)
 1            1
 2            3
I             NGP(I)
 1            2
INFORMATION ABOUT LOAD
I             GINF(5 * I)
```

```
 1              0 - 1  0  .5  2
INTERNAL FORCES
MI          1    SR( 1 ) = - .499992028206896
MI          2    SX( 2 ) = .2165            SY( 2 ) = - .50000000000044
MI          3    SX( 3 ) = .216505908681314  SY( 3 ) = .50000000000044
REACTION FORCES
NC 1 RX( 1 ) = .216505576982589            RY( 1 ) = .75000000000066
NC 2 RX( 2 ) = - .216506903777486          RY( 2 ) = .25000000000022
```

习题 4.4 数据文件:

序号	变量/数组	数据文件 EXC44.DAT
1	NE,MI,NC,NG	3,3,2,1
2	NKP(NG)	1
3	NFRE(NE)	3,3,3
4	MINF(5×MI)	2,0,90,0,2,2,0,90,0,1,2,0,90,1,1
5	MP(2×MI)	1,2,1,3,2,3
6	NINF(6×NC)	2,0,90,0,0,0,1,90,0,0,2,0
7	NP(NC)	1,2
8	NGP(NG)	3
9	GINF(5×NG)	0,0,−1,2,1

习题 4.4 结果文件:

乘子,力$\left(\dfrac{M}{a}\right)$

```
NE = 3       MI = 3        NC = 2         NG = 1
I            NKP(I)
 1
I            NFRE(I)
 3
 3
 3
I            MINF(I)
 1           2  0  90  0  2
 2           2  0  90  0  1
 3           2  0  90  1  1
NUMBER OF BODY RELATED BY MI
I            MP(I)
 1           2
 1           3
 2           3
THE INFORMATION ABOUT CONSTRICTION
I            NINF(I)
 1           2  0  90  0  0  0
```

```
2              1 90  0  0  2  0
I              NP(I)
1              1
2              2
I              NGP(I)
1              3
INFORMATION ABOUT LOAD
I              GINF(5 * I)
1              0  0 -1  2  1
INTERNAL FORCES
MI             1            SX( 1 ) = 0    SY( 1 ) = - .50000000000044
MI             2            SX( 2 ) = 0    SY( 2 ) = 1.00000000000088
MI             3            SX( 3 ) = 0    SY( 3 ) = - 1.00000000000088
REACTION FORCES
NC 1 RX( 1 ) = 3.04205530259278E - 17       RY( 1 ) = - .50000000000044
NC 2 S( 2 ) =   .50000000000044
```

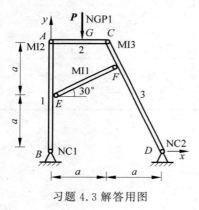

习题 4.3 解答用图

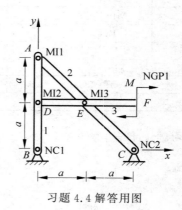

习题 4.4 解答用图

习题 4.5 数据文件：

序号	变量/数组	数据文件 EXC45. DAT
1	NE,MI,NC,NG	2,1,2,3
2	NKP(NG)	2,1,3
3	NFRE(NE)	3,3
4	MINF(5×MI)	2,0,90,3,0
5	MP(2×MI)	1,2
6	NINF(6×NC)	3,0,90,1,0,0,1,90,0,0,4.414,-1.414
7	NP(NC)	1,2
8	NGP(NG)	1,1,2
9	GINF(5×NG)	0,-2,0,1,0 0,0,5,2,0 1,2,-45,3,0

习题 4.5 结果文件：

乘子,力(qa),力矩(qa^2)

NE = 2   MI = 1   NC = 2   NG = 3
I   NKP(I)
 2
 1
 3
I   NFRE(I)
 3
 3
I   MINF(I)
 1   2   0   90   3   0
NUMBER OF BODY RELATED BY MI
I   MP(I)
 1   2
THE INFORMATION ABOUT CONSTRICTION
I   NINF(I)
 1   3   0   90   1   0   0
 2   1   90   0   0   4.414   − 1.414
I   NP(I)
 1   1
 2   2
I   NGP(I)
 1   1
 2   1
 3   2
INFORMATION ABOUT LOAD
I   GINF(5 * I)
 1   0   − 2   0   1   0
 2   0   0   5   2   0
 3   1   2   − 135   3   0
INTERNAL FORCES
MI 1   SX(1) = − 1.41420887143822   SY(1) = 2.0890342062596E − 04
REACTION FORCES
NC 1   RX(1) = 1.41420621784842   RY(1) = 1.99979109658113
M 1 = − 3.000626710261
NC 2   S(2) = 1.41442528034917

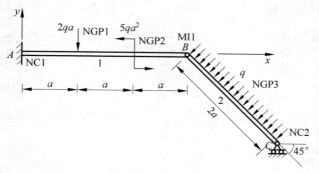

习题 4.5 解答用图

第 5 章

习题 5.1 数据文件:

序号	变量/数组	数据文件 EXC51.DAT
1	N,J,K,M,T,S,D,FX	0,0,1,1,1,1,10,0
2	EI,L	1,1
3	AX(M),AY(M)	1,0
4	Q(K),C(K),D(K)	−1,0,0.5

习题 5.1 结果文件:

乘子,挠度 $\left(\dfrac{ql^4}{EI}\right)$,转角 $\left(\dfrac{ql^3}{EI}\right)$, 力 (ql)

```
CONDITION
n = 0            j = 0         k = 1         m = 1          t = 1
ei = 1           l = 1         s = 1         d = 10         fx = 0
q( 1 ) = − 1     c( 1 ) = 0    d( 1 ) = .5
ax( 1 ) = 1      ay( 1 ) = 0
result
Theta and R − forces
theta(0) = − .0234375
 r( 1 ) =   .125
 r(0) = .375
deformation
x( 0 ) = 0    y( 0 ) = 0                    theta( 0 ) = − .0234375
x(1 ) = .1    y( 1 ) = − 2.28541666666667E − 03    theta( 1 ) = − 2.17291666666667E − 02
x(2 ) = .2    y( 2 ) = − 4.25416666666667E − 03    theta( 2 ) = − 1.72708333333333E − 02
x( 3 ) = .3    y( 3 ) = − .00568125           theta( 3 ) = − .0110625
x( 4 ) = .4    y( 4 ) = − 6.44166666666667E − 03    theta( 4 ) = − 4.10416666666667E − 03
x(5 ) = .5    y( 5 ) = − 6.51041666666667E − 03    theta( 5 ) = 2.60416666666667E − 03
```

```
x(6) = .6    y( 6 ) = - 5.95833333333333E - 03    theta( 6 ) = 8.22916666666667E - 03
x( 7 ) = .7  y( 7 ) = - .00490625                 theta( 7 ) = 1.26041666666667E - 02
x(8) = .8    y( 8 ) = - 3.47916666666667E - 03    theta( 8 ) = 1.57291666666667E - 02
x(9) = .9    y( 9 ) = - 1.80208333333333E - 03    theta( 9 ) = 1.76041666666667E - 02
x( 10 ) = 1  y( 10 ) = 0                           theta( 10 ) = 1.82291666666667E - 02
maximum value
x( 5 ) = .5  fmax = - 6.51041666666667E - 03
```

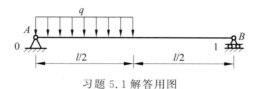

习题 5.1 解答用图

习题 5.2 数据文件:

序号	变量/数组	数据文件 EXC52.DAT
1	N,J,K,M,T,S,D,FX	1,1,1,1,1,1,10,0
2	EI,L	1,1
3	AX(M),AY(M)	1,0
4	M(N),F(N)	-1,0.3333
5	P(J),B(J)	-1,0.5
6	Q(K),C(K),D(K)	-1,0.6667,0.3333

习题 5.2 结果文件:

乘子,挠度$\left(\dfrac{ql^4}{EI}\right)$,转角$\left(\dfrac{ql^3}{EI}\right)$,力($ql$)

```
CONDITION
n = 1          j = 1          k = 1        m = 1        t = 1
ei = 1         l = 1          s = 1        d = 10       fx = 0
m( 1 ) = - 1   a( 1 ) = .3333
p( 1 ) = - 1   b( 1 ) = .5
q( 1 ) = - 1   c( 1 ) = .6667  d( 1 ) = .3333
ax( 1 ) = 1    ay( 1 ) = 0
result
Theta and R - forces
theta(0) = - .126808024938274
 r( 1 ) =   1.7777
 r(0) = - .4444
deformation
x( 0 ) = 0    y( 0 ) = 0                          theta( 0 ) = - .126808024938274
x( 1 ) = .1   y( 1 ) = - .012755063610494          theta( 1 ) = - .129033913938274
x( 2 ) = .2   y( 2 ) = - 2.59549161209881E - 02    theta( 2 ) = - .135703802938274
```

```
x( 3 ) = .3       y( 3 ) = - 4.00439575314821E - 02     theta( 3 ) = - .146817691938274
x(4 ) = .4        y( 4 ) = - 5.32165878419761E - 02     theta( 4 ) = - 9.56755809382736E - 02
x(5 ) = .5        y( 5 ) = - 5.88172070524702E - 02     theta( 5 ) = - 1.56774699382736E - 02
x(6 ) = .6        y( 6 ) = - 5.67068818296309E - 02     theta( 6 ) = 5.48766410617264E - 02
x( 7 ) = .7       y( 7 ) = - 4.82674796666679E - 02     theta( 7 ) = .110968932222226
x( 8 ) = .8       y( 8 ) = - 3.50494864444453E - 02     theta( 8 ) = .15224476555556
x( 9 ) = .9       y( 9 ) = - .018384426555556           theta( 9 ) = .177743598888893
x( 10 ) = 1       y( 10 ) = 6.93889390390723E - 17      theta( 10 ) = .186465432222226
maximum value
x( 5 ) = .5       fmax = - 5.88172070524702E - 02
```

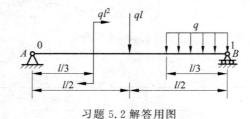

习题 5.2 解答用图

习题 5.3 数据文件：

序号	变量/数组	数据文件 EXC53.DAT
1	N,J,K,M,T,S,D,FX	1,2,1,1,2,1,12,0
2	EI,L	1,6
3	AX(M),AY(M)	6,0
4	M(N),F(N)	1,4
5	P(J),B(J)	−1,1,−1,2
6	Q(K),C(K),D(K)	−1,2,2

习题 5.3 结果文件：

乘子，挠度$\left(\dfrac{qa^4}{EI}\right)$，转角$\left(\dfrac{qa^3}{EI}\right)$，力（$qa$）

```
CONDITION
n = 1          j = 2          k = 1      m = 1      t = 2
ei = 1         l = 6          s = 1      d = 12     fx = 0
m( 1 ) = 1     a( 1 ) = 4
p( 1 ) = - 1   b( 1 ) = 1
p( 2 ) = - 1   b( 2 ) = 2
q( 1 ) = - 1   c( 1 ) = 2     d( 1 ) = 2
ax( 1 ) = 6    ay( 1 ) = 0
result
Theta and R - forces
theta(0) = - 8.75
```

```
 r( 1 ) =   1.33333333333333
 r(0) = 2.66666666666667
deformation
x( 0 ) = 0       y( 0 ) = 0                theta( 0 ) = - 8.75
x( 1 ) = .5      y( 1 ) = - 4.31944444444444     theta( 1 ) = - 8.41666666666667
x( 2 ) = 1       y( 2 ) = - 8.30555555555556     theta( 2 ) = - 7.41666666666667
x( 3 ) = 1.5     y( 3 ) = - 11.6458333333333     theta( 3 ) = - 5.875
x( 4 ) = 2       y( 4 ) = - 14.1111111111111     theta( 4 ) = - 3.91666666666667
x( 5 ) = 2.5     y( 5 ) = - 15.5164930555556     theta( 5 ) = - 1.6875
x( 6 ) = 3       y( 6 ) = - 15.7916666666667     theta( 6 ) = .58333333333333
x( 7 ) = 3.5     y( 7 ) = - 14.9470486111111     theta( 7 ) = 2.77083333333333
x( 8 ) = 4       y( 8 ) = - 13.0555555555556     theta( 8 ) = 4.75
x( 9 ) = 4.5     y( 9 ) = - 10.375               theta( 9 ) = 5.91666666666667
x( 10 ) = 5      y( 10 ) = - 7.19444444444447    theta( 10 ) = 6.75
x( 11 ) = 5.5    y( 11 ) = - 3.68055555555557    theta( 11 ) = 7.25
x( 12 ) = 6      y( 12 ) = - 7.105427357601E - 15  theta( 12 ) = 7.41666666666667
maximum value
x( 6 ) = 3       fmax = - 15.7916666666667
```

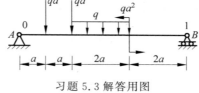

习题 5.3 解答用图

习题 5.4 数据文件：

序号	变量/数组	数据文件 EXC54.DAT
1	N,J,K,M,T,S,D,FX	0,1,1,1,1,1,15,0
2	EI,L	1,15
3	AX(M),AY(M)	10,0
4	P(J),B(J)	−1,5
5	Q(K),C(K),D(K)	−1,10,5

习题 5.4 结果文件：

乘子,挠度$\left(\dfrac{qa^4}{EI}\right)$,转角$\left(\dfrac{qa^3}{EI}\right)$,力$(qa)$

```
CONDITION
n = 0        j = 1        k = 1       m = 1       t = 1
ei = 1       l = 15       s = 1       d = 15      fx = 0
p( 1 ) = -1  b( 1 ) = 5
q( 1 ) = -1  c( 1 ) = 10  d( 1 ) = 5
```

ax(1) = 10　　　　ay(1) = 0
result
Theta and R - forces
theta(0) = 14.5833333333333
 r(1) = 6.75
 r(0) = - .75
deformation

x(0) = 0	y(0) = 0	theta(0) = 14.5833333333333
x(1) = 1	y(1) = 14.4583333333333	theta(1) = 14.2083333333333
x(2) = 2	y(2) = 28.1666666666666	theta(2) = 13.0833333333333
x(3) = 3	y(3) = 40.3749999999999	theta(3) = 11.2083333333333
x(4) = 4	y(4) = 50.3333333333333	theta(4) = 8.58333333333331
x(5) = 5	y(5) = 57.2916666666666	theta(5) = 5.20833333333331
x(6) = 6	y(6) = 60.3333333333331	theta(6) = .583333333333314
x(7) = 7	y(7) = 57.875	theta(7) = - 5.79166666666669
x(8) = 8	y(8) = 48.1666666666667	theta(8) = - 13.9166666666667
x(9) = 9	y(9) = 29.458333333333	theta(9) = - 23.7916666666667
x(10) = 10	y(10) = 0	theta(10) = - 35.4166666666667
x(11) = 11	y(11) = - 40.8750000000005	theta(11) = - 45.5833333333334
x(12) = 12	y(12) = - 89.8333333333339	theta(12) = - 51.7500000000001
x(13) = 13	y(13) = - 143.375	theta(13) = - 54.9166666666667
x(14) = 14	y(14) = - 199.000000000001	theta(14) = - 56.0833333333333
x(15) = 15	y(15) = - 255.208333333333	theta(15) = - 56.2500000000001

maximum value
x(15) = 15　　　　fmax = - 255.208333333333

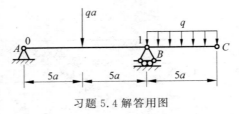

习题 5.4 解答用图

习题 5.5 数据文件：

序号	变量/数组	数据文件 EXC55. DAT
1	N,J,K,M,T,S,D,FX	1,2,2,1,2,1,20,0
2	EI,L	1,20
3	AX(M),AY(M)	15,0
4	M(N),F(N)	- 3,10
5	P(J),B(J)	- 4,5, - 1,20
6	Q(K),C(K),D(K)	- 2,5,5, - 1,10,10

习题 5.5 结果文件：

乘子，挠度 $\left(\dfrac{qa^4}{EI}\right)$，转角 $\left(\dfrac{qa^3}{EI}\right)$，力（$qa$）

```
CONDITION
n = 1            j = 2            k = 2            m = 1            t = 2
ei = 1           l = 20           s = 1            d = 20           fx = 0
m( 1 ) = - 3     a( 1 ) = 10
p( 1 ) = - 4     b( 1 ) = 5
p( 2 ) = - 1     b( 2 ) = 20
q( 1 ) = - 2     c( 1 ) = 5       d( 1 ) = 5
q( 2 ) = - 1     c( 2 ) = 10      d( 2 ) = 10
ax( 1 ) = 15 ay( 1 ) = 0
result
Theta and R - forces
theta(0) = - 171.736111111111
  r( 1 ) =   17.8666666666667
  r( 0 ) =   7.13333333333333
deformation
x( 0 ) = 0       y( 0 ) = 0                        theta( 0 ) = - 171.736111111111
x( 1 ) = 1       y( 1 ) = - 170.547222222222        theta( 1 ) = - 168.169444444445
x( 2 ) = 2       y( 2 ) = - 333.961111111111        theta( 2 ) = - 157.469444444444
x( 3 ) = 3       y( 3 ) = - 483.108333333333        theta( 3 ) = - 139.636111111111
x( 4 ) = 4       y( 4 ) = - 610.855555555556        theta( 4 ) = - 114.669444444445
x( 5 ) = 5       y( 5 ) = - 710.069444444444        theta( 5 ) = - 82.5694444444442
x( 6 ) = 6       y( 6 ) = - 774.366666666667        theta( 6 ) = - 45.6694444444445
x( 7 ) = 7       y( 7 ) = - 801.030555555556        theta( 7 ) = - 7.63611111111095
x( 8 ) = 8       y( 8 ) = - 789.927777777777        theta( 8 ) = 29.5305555555556
x( 9 ) = 9       y( 9 ) = - 742.925000000001        theta( 9 ) = 63.8305555555553
x( 10 ) = 10     y( 10 ) = - 663.888888888884       theta( 10 ) = 93.2638888888891
x( 11 ) = 11     y( 11 ) = - 557.144444444446       theta( 11 ) = 118.997222222222
x( 12 ) = 12     y( 12 ) = - 428.516666666666       theta( 12 ) = 136.863888888889
x( 13 ) = 13     y( 13 ) = - 286.37222222222        theta( 13 ) = 145.863888888889
x( 14 ) = 14     y( 14 ) = - 140.07777777778        theta( 14 ) = 144.997222222222
x( 15 ) = 15     y( 15 ) = 0                        theta( 15 ) = 133.263888888889
x( 16 ) = 16     y( 16 ) = 125.472222222219         theta( 16 ) = 118.597222222222
x( 17 ) = 17     y( 17 ) = 238.861111111109         theta( 17 ) = 108.930555555555
x( 18 ) = 18     y( 18 ) = 344.666666666664         theta( 18 ) = 103.263888888889
x( 19 ) = 19     y( 19 ) = 446.388888888883         theta( 19 ) = 100.597222222222
x( 20 ) = 20     y( 20 ) = 546.527777777781         theta( 20 ) = 99.9305555555557
maximum value
x( 7 ) = 7       fmax = - 801.030555555556
```

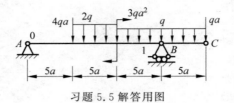

习题 5.5 解答用图

习题 5.6 数据文件：

序号	变量/数组	数据文件 EXC56.DAT
1	N,J,K,M,T,S,D,FX	3,2,4,1,4,1,20,0
2	EI,L	1,10
3	AX(M),AY(M)	8,0
4	M(N),F(N)	1,3,−4,5,−2,10
5	P(J),B(J)	−2,2,−3,8
6	Q(K),C(K),D(K)	−1,0,2,−1,3,2,2,5,2,−1,8,2

习题 5.6 结果文件：

乘子,挠度 $\left(\dfrac{qa^4}{EI}\right)$, 转角 $\left(\dfrac{qa^3}{EI}\right)$, 力 (qa)

```
CONDITION
n = 3          j = 2          k = 4          m = 1          t = 4
ei = 1         l = 10         s = 1          d = 20         fx = 0
m( 1 ) = 1     a( 1 ) = 3
m( 2 ) = − 4   a( 2 ) = 5
m( 3 ) = − 2   a( 3 ) = 10
p( 1 ) = − 2   b( 1 ) = 2
p( 2 ) = − 3   b( 2 ) = 8
q( 1 ) = − 1   c( 1 ) = 0      d( 1 ) = 2
q( 2 ) = − 1   c( 2 ) = 3      d( 2 ) = 2
q( 3 ) = 2     c( 3 ) = 5      d( 3 ) = 2
q( 4 ) = − 1   c( 4 ) = 8      d( 4 ) = 2
ax( 1 ) = 8    ay( 1 ) = 0
result
Theta and R − forces
theta(0) = − .4375
 r( 1 ) =   4.625
 r(0) = 2.375
deformation
x( 0 ) = 0     y( 0 ) = 0                     theta( 0 ) = − .4375
x( 1 ) = .5    y( 1 ) = − .171875000000001     theta( 1 ) = − .161458333333333
x( 2 ) = 1     y( 2 ) = − 8.33333333333286E − 02    theta( 2 ) = .583333333333334
```

x(3) = 1.5	y(3) = .46875	theta(3) = 1.671875
x(4) = 2	y(4) = 1.62499999999999	theta(4) = 2.97916666666666
x(5) = 2.5	y(5) = 3.42447916666668	theta(5) = 4.15104166666666
x(6) = 3	y(6) = 5.70833333333334	theta(6) = 4.91666666666667
x(7) = 3.5	y(7) = 8.1458333333333	theta(7) = 4.75520833333334
x(8) = 4	y(8) = 10.375	theta(8) = 4.0625
x(9) = 4.5	y(9) = 12.0989583333333	theta(9) = 2.71354166666667
x(10) = 5	y(10) = 12.9583333333333	theta(10) = .583333333333336
x(11) = 5.5	y(11) = 13.0390625	theta(11) = − .390624999999993
x(12) = 6	y(12) = 12.4583333333334	theta(12) = − 2.02083333333332
x(13) = 6.5	y(13) = 10.9505208333332	theta(13) = − 4.05729166666666
x(14) = 7	y(14) = 8.37500000000011	theta(14) = − 6.25000000000001
x(15) = 7.5	y(15) = 4.71093750000011	theta(15) = − 8.39062500000001
x(16) = 8	y(16) = 5.6843418860808E − 14	theta(16) = − 10.4375
x(17) = 8.5	y(17) = − 5.67968750000011	theta(17) = − 12.2083333333333
x(18) = 9	y(18) = − 12.1458333333333	theta(18) = − 13.6041666666667
x(19) = 9.5	y(19) = − 19.2421875000001	theta(19) = − 14.75
x(20) = 10	y(20) = − 26.875	theta(20) = − 15.7708333333333

maximum value

x(20) = 10   fmax = − 26.875

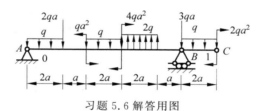

习题 5.6 解答用图

习题 5.7 数据文件：

序号	变量/数组	数据文件 EXC57.DAT
1	N,J,K,M,T,S,D,FX	1,1,1,2,2,1,10,0
2	EI,L	1,5
3	AX(M),AY(M)	2,0,4,0
4	M(N),F(N)	−1,1
5	P(J),B(J)	−1,5
6	Q(K),C(K),D(K)	−1,2,2

习题 5.7 结果文件：

乘子, 挠度 $\left(\dfrac{ql^4}{EI}\right)$, 转角 $\left(\dfrac{ql^3}{EI}\right)$, 力 (ql)

CONDITION

n = 1   j = 1   k = 1   m = 2   t = 2
ei = 1   l = 5   s = 1   d = 10   fx = 0
m(1) = - 1   a(1) = 1
p(1) = - 1   b(1) = 5
q(1) = - 1   c(1) = 2   d(1) = 2
ax(1) = 2   ay(1) = 0
ax(2) = 4   ay(2) = 0
result
Theta and R - forces
theta(0) = .104166666666664
 r(1) =   1.0625
 r(2) =   2.46875
 r(0) = - .53125
deformation
x(0) = 0   y(0) = 0   theta(0) = .104166666666664
x(1) = .5   y(1) = 4.10156249999989E - 02   theta(1) = 3.77604166666643E - 02
x(2) = 1   y(2) = 1.56249999999982E - 02   theta(2) = - .161458333333336
x(3) = 1.5   y(3) = - 1.75781250000036E - 02   theta(3) = 6.51041666666643E - 03
x(4) = 2   y(4) = - 1.77635683940025E - 15   theta(4) = 4.16666666666643E - 02
x(5) = 2.5   y(5) = 2.14843749999947E - 02   theta(5) = 5.59895833333321E - 02
x(6) = 3   y(6) = 5.72916666666607E - 02   theta(6) = 7.81249999999964E - 02
x(7) = 3.5   y(7) = 8.00781249999964E - 02   theta(7) = - 1.69270833333357E - 02
x(8) = 4   y(8) = - 7.105427357601E - 15   theta(8) = - .354166666666668
x(9) = 4.5   y(9) = - .281250000000014   theta(9) = - .729166666666668
x(10) = 5   y(10) = - .687500000000007   theta(10) = - .854166666666668
maximum value
x(10) = 5   fmax = - .687500000000007

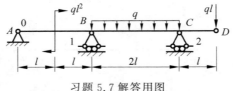

习题 5.7 解答用图

习题 5.8 数据文件：

序号	变量/数组	数据文件 EXC58.DAT
1	N,J,K,M,T,S,D,FX	1,0,0,5,5,1,10,0
2	EI,L	1,5
3	AX(M),AY(M)	1,0,2,0,3,0,4,0,5,0
4	M(N),F(N)	- 8,0

习题5.8结果文件：

乘子，挠度$\left(\dfrac{ql^4}{EI}\right)$，转角$\left(\dfrac{ql^3}{EI}\right)$，力（$ql$）

CONDITION

n = 1	j = 0	k = 0	m = 5	t = 5
ei = 1	l = 5	s = 1	d = 10	fx = 0

m(1) = - 8　　　a(1) = 0
ax(1) = 1　　　ay(1) = 0
ax(2) = 2　　　ay(2) = 0
ax(3) = 3　　　ay(3) = 0
ax(4) = 4　　　ay(4) = 0
ax(5) = 5　　　ay(5) = 0
result
Theta and R - forces
theta(0) = - 2.30940988835725
 r(1) =　12.8612440191388
 r(2) = - 3.44497607655507
 r(3) =　.918660287081384
 r(4) = - .229665071770349
 r(5) =　3.82775119617222E - 02
 r(0) = - 10.1435406698565
deformation

x(0) = 0	y(0) = 0	theta(0) = - 2.30940988835725
x(1) = .5	y(1) = - .366028708133971	theta(1) = .422647527910686
x(2) = 1	y(2) = 1.33226762955019E - 15	theta(2) = .618819776714512
x(3) = 1.5	y(3) = 9.80861244019144E - 02	theta(3) = - .11323763955343
x(4) = 2	y(4) = 0	theta(4) = - .165869218500796
x(5) = 2.5	y(5) = - 2.63157894736823E - 02	theta(5) = 3.03030303030365E - 02
x(6) = 3	y(6) = 4.44089209850063E - 15	theta(6) = 4.46570972886779E - 02
x(7) = 3.5	y(7) = 7.17703349282495E - 03	theta(7) = - 7.97448165869596E - 03
x(8) = 4	y(8) = 0	theta(8) = - 1.27591706539132E - 02
x(9) = 4.5	y(9) = - 2.3923444976095E - 03	theta(9) = 1.59489633173227E - 03
x(10) = 5	y(10) = - 5.32907051820075E - 15	theta(10) = 6.37958532694771E - 03

maximum value
x( ) = 0　　　fmax = - .366028708133971

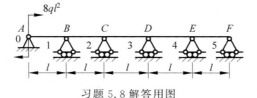

习题5.8解答用图

习题 5.9 数据文件：

序号	变量/数组	数据文件 EXC59. DAT
1	N,J,K,M,T,S,D,FX	3,2,4,5,5,1,20,0
2	EI,L	1,10
3	AX(M),AY(M)	4,0,6,0,7,0,9,0,10,0
4	M(N),F(N)	2,3,−5,5,−2,10
5	P(J),B(J)	−3,2,−4,8
6	Q(K),C(K),D(K)	−1,0,2,−1,3,2,2,5,2,−1,8,2

习题 5.9 结果文件：

乘子,挠度 $\left(\dfrac{qa^4}{EI}\right)$, 转角 $\left(\dfrac{qa^3}{EI}\right)$, 力 (qa)

CONDITION

n = 3	j = 2	k = 4	m = 5	t = 5
ei = 1	l = 10	s = 1	d = 20	fx = 0
m(1) = 2	a(1) = 3			
m(2) =− 5	a(2) = 5			
m(3) =− 2	a(3) = 10			
p(1) =− 3	b(1) = 2			
p(2) =− 4	b(2) = 8			
q(1) =− 1	c(1) = 0	d(1) = 2		
q(2) =− 1	c(2) = 3	d(2) = 2		
q(3) = 2	c(3) = 5	d(3) = 2		
q(4) =− 1	c(4) = 8	d(4) = 2		
ax(1) = 4	ay(1) = 0			
ax(2) = 6	ay(2) = 0			
ax(3) = 7	ay(3) = 0			
ax(4) = 9	ay(4) = 0			
ax(5) = 10	ay(5) = 0			

result

Theta and R - forces

theta(0) =− 4.10765209125489

r(1) =   2.632738236692

r(2) = − 3.59288854562708

r(3) =   3.50570342205297

r(4) =   1.55275665399232

r(5) =   1.95116444866929

r(0) = 2.9505257842205

deformation

x(0) = 0   y(0) = 0   theta(0) =− 4.10765209125489

x(1) = .5   y(1) =− 1.99496092512284   theta(1) =− 3.7596697015606

x(2) = 1   y(2) =− 3.65756446055142   theta(2) =− 2.79905586581121

x(3) = 1.5　y(3) =- 4.7127448832582　　theta(3) =- 1.35081058400668
x(4) = 2　　y(4) =- 4.94793647021557　　theta(4) = .460066143852977
x(5) = 2.5　y(5) =- 4.27296933172935　　theta(5) = 2.1544076511011
x(6) = 3　　y(6) =- 2.87892357810527　　theta(6) = 3.33638060440434
x(7) = 3.5　y(7) =- 1.27458765298245　　theta(7) = 2.98515167042938
x(8) = 4　　y(8) =- 2.8421709430404E - 14　theta(8) = 1.99655418250953
x(9) = 4.5　y(9) = .649753817133984　　theta(9) = .574680420231303
x(10) = 5　 y(10) = .536483087769369　　theta(10) =- 1.07637733681879
x(11) = 5.5 y(11) = .147158314519857　　theta(11) =- .519119088640728
x(12) = 6　　 y(12) =- 1.4210854715202E - 13　theta(12) =- 6.60448352345853E - 02
x(13) = 6.5 y(13) = 3.05643021226842E - 02　theta(13) = 8.37343551963201E - 02
x(14) = 7　 y(14) =- 2.27373675443232E - 13　theta(14) =- .268892585551477
x(15) = 7.5 y(15) =- .212568817332453　theta(15) =- .47737939638791
x(16) = 8　 y(16) =- .373376108999025　theta(16) =- .06184648288977
x(17) = 8.5 y(17) =- .256349512833253　theta(17) = .456872821609629
x(18) = 9　 y(18) =- 2.27373675443232E - 13　theta(18) = .474611850443672
x(19) = 9.5 y(19) = .146281388624516　theta(19) = 6.04651853613021E - 02
x(20) = 10　y(20) =- 3.41060513164848E - 13　theta(20) =- .716472591888355
maximum value
x(4) = 2　　fmax =- 4.94793647021557

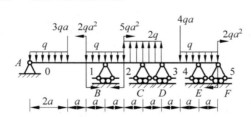

习题 5.9 解答用图

习题 5.10 数据文件：

序号	变量/数组	数据文件 EXC510.DAT
1	N,J,K,M,T,S,D,FX	0,0,0,2,2,1,8,0
2	EI,L	1,2
3	AX(M),AY(M)	1,0,2,1

习题 5.10 结果文件：

乘子,挠度(δ),转角$\left(\dfrac{\delta}{l}\right)$,力$\left(\dfrac{\delta EI}{l^3}\right)$

CONDITION
n = 0　　　　j = 0　　　　k = 0　　　　m = 2　　　　t = 2
ei = 1　　　 l = 2　　　 s = 1　　　 d = 8　　　 fx = 0
ax(1) = 1　ay(1) = 0

ax(2) = 2　 ay(2) = 1
result
Theta and R - forces
theta(0) = - .25
 r(1) = - 3
 r(2) =   1.5
 r(0) = 1.5
deformation

x(0) = 0	y(0) = 0	theta(0) = - .25
x(1) = .25	y(1) = - .05859375	theta(1) = - .203125
x 2) = .5	y(2) = - 9.37500000000001E - 02	theta(2) = - 6.25000000000002E - 02
x(3) = .75	y(3) = - 8.20312500000001E - 02	theta(3) = .171875
x(4) = 1	y(4) = - 2.22044604925031E - 16	theta(4) = .5
x(5) = 1.25	y(5) = .16796875	theta(5) = .828125
x(6) = 1.5	y(6) = .40625	theta(6) = 1.0625
x(7) = 1.75	y(7) = .691406250000001	theta(7) = 1.203125
x(8) = 2	y(8) = 1	theta(8) = 1.25

maximum value
x(8) = 2　　　 fmax = 1

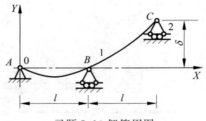

习题 5.10 解答用图

习题 5.11 数据文件：

序号	变量/数组	数据文件 EXC511.DAT
1	N,J,K,M,T,S,D,FX	0,0,0,4,4,1,14,0
2	EI,L	1,7
3	AX(M),AY(M)	2,1,4,0.5,5,0.8,7,2

习题 5.11 结果文件：

乘子,挠度(δ),转角$\left(\dfrac{\delta}{a}\right)$,力$\left(\dfrac{\delta EI}{a^3}\right)$

CONDITION

n = 0	j = 0	k = 0	m = 4	t = 4
ei = 1	l = 7	s = 1	d = 14	fx = 0
ax(1) = 2	ay(1) = 1			

```
ax( 2 ) = 4     ay( 2 ) = .5
ax( 3 ) = 5     ay( 3 ) = .8
ax( 4 ) = 7     ay( 4 ) = 2
result
Theta and R – forces
theta(0) = .752149999999952
 r( 1 ) =   1.142325
 r( 2 ) = – 1.36694999999999
 r( 3 ) =   .516796875000005
 r( 4 ) =   8.55468749999992E – 02
 r(0) = – .377718750000013
deformation
x( 0 ) = 0       y( 0 ) = 0                    theta( 0 ) = .752149999999952
x( 1 ) = .5      y( 1 ) = .368163671874983     theta( 1 ) = .704766406249979
x( 2 ) = 1       y( 2 ) = .689028124999978     theta( 2 ) = .562953125000003
x( 3 ) = 1.5     y( 3 ) = .915378515624985     theta( 3 ) = .326710156250023
x( 4 ) = 2       y( 4 ) = 1                    theta( 4 ) = – 3.96249999996057E – 03
x( 5 ) = 2.5     y( 5 ) = .919476171875024     theta( 5 ) = – .286274218749947
x( 6 ) = 3       y( 6 ) = .745584375000052     theta( 6 ) = – .377434374999938
x( 7 ) = 3.5     y( 7 ) = .573900390625084     theta( 7 ) = – .277442968749932
x( 8 ) = 4       y( 8 ) = .500000000000121     theta( 8 ) = .013700000000072
x( 9 ) = 4.5     y( 9 ) = .590980859375159     theta( 9 ) = .325125781250073
x( 10 ) = 5      y( 10 ) = .800028125000193    theta( 10 ) = .485965625000073
x( 11 ) = 5.5    y( 11 ) = 1.06261542968773    theta( 11 ) = .560819140625072
x( 12 ) = 6      y( 12 ) = 1.35728281250027     theta( 12 ) = .614285937500072
x( 13 ) = 6.5    y( 13 ) = 1.6733369140628     theta( 13 ) = .646366015625071
x( 14 ) = 7      y( 14 ) = 2.00008437500034     theta( 14 ) = .657059375000071
maximum value
x( 14 ) = 7      fmax = 2.00008437500034
```

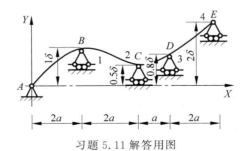

习题 5.11 解答用图

习题 5.12 数据文件：

$$yb = \delta, \qquad yc = 0.5\delta, \qquad yd = 0.8\delta, \qquad ye = 1.5\delta$$

序号	变量/数组	数据文件 EXC512. DAT
1	N,J,K,M,T,S,D,FX	1,1,2,4,4,1,14,0
2	EI,L	1,7
3	AX(M),AY(M)	2,1,4,0.5,5,0.8,7,1.5
4	M(N),F(N)	2,6
5	P(J),B(J)	−4,3
6	Q(K),C(K),D(K)	−1,0,2,−2,4,1

习题 5.12 结果文件：

乘子,挠度$\left(\dfrac{qa^4}{EI}\right)$, 转角$\left(\dfrac{qa^3}{EI}\right)$,力$(qa)$

```
CONDITION
n = 1              j = 1           k = 2         m = 4         t = 4
ei = 1             l = 7           s = 1         d = 14        fx = 0
m( 1 ) = 2         a( 1 ) = 6
p( 1 ) = -4        b( 1 ) = 3
q( 1 ) = -1        c( 1 ) = 0      d( 1 ) = 2
q( 2 ) = -2        c( 2 ) = 4      d( 2 ) = 1
ax( 1 ) = 2        ay( 1 ) = 1
ax( 2 ) = 4        ay( 2 ) = .5
ax( 3 ) = 5        ay( 3 ) = .8
ax( 4 ) = 7        ay( 4 ) = 1.5
result
Theta and R - forces
theta(0) = .689153515625382
 r( 1 ) =   4.5807
 r( 2 ) =   1.97609999999999
 r( 3 ) =   2.32979999999993
 r( 4 ) =- 1.10203476562501
 r(0) = .215434765625091
deformation
x( 0 ) = 0         y( 0 ) = 0                    theta( 0 ) = .689153515625382
x( 1 ) = .5        y( 1 ) = .34653039550795      theta( 1 ) = .695527848307465
x( 2 ) = 1         y( 2 ) = .683670963541842     theta( 2 ) = .63076087239582
x( 3 ) = 1.5       y( 3 ) = .944601049804815     theta( 3 ) = .369852587890446
x( 4 ) = 2         y( 4 ) = 1                    theta( 4 ) = - .212197005208656
x( 5 ) = 2.5       y( 5 ) = .756082576497224     theta( 5 ) = - .646967073568142
x( 6 ) = 3         y( 6 ) = .469538541666232     theta( 6 ) = - .382703450521369
x( 7 ) = 3.5       y( 7 ) = .40655140787689      theta( 7 ) = 8.05938639316679E - 02
x( 8 ) = 4         y( 8 ) = .499971354165609     theta( 8 ) = .242924869791004
x( 9 ) = 4.5       y( 9 ) = .635275642902272     theta( 9 ) = .309635400389922
x( 10 ) = 5        y( 10 ) = .800116536456599    theta( 10 ) = .319404622395123
x( 11 ) = 5.5      y( 11 ) = .957269213865047    theta( 11 ) = .355124202473238
```

x(12) = 6   y(12) = 1.20115885416423   theta(12) = .666352473957609
x(13) = 6.5   y(13) = 1.41953980305712   theta(13) = .253089436848235
x(14) = 7   y(14) = 1.50016640624681   theta(14) = .115335091145102
maximum value
x(14) = 7   fmax = 1.50016640624681

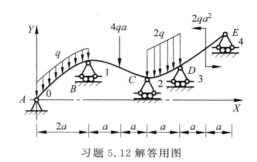

习题 5.12 解答用图

习题 5.13 数据文件：

序号	变量/数组	数据文件 EXC513.DAT
1	N,J,K,M,T,S,D,FX	3,2,4,4,4,1,20,1
2	EI,L	1,20
3	AX(M),AY(M)	8,0,12,0,14,0,18,0
4	M(N),F(N)	4,4,−8,10,−4,20
5	P(J),B(J)	−3,6,−5,16
6	Q(K),C(K),D(K)	−1,2,2,−1,6,4,−2,10,4,−2,16,4

习题 5.13 结果文件：

乘子,挠度$\left(\dfrac{qa^4}{EI}\right)$,转角$\left(\dfrac{qa^3}{EI}\right)$,力$(qa)$

CONDITION
n= 3 j= 2 k= 4 m= 4 t= 4
ei= 1 l= 20 s= 1 d= 20 fx= 1
m(1) = 4 a(1) = 4
m(2) =−8 a(2) = 10
m(3) =−4 a(3) = 20
p(1) =−3 b(1) = 6
p(2) =−5 b(2) = 16
q(1) =−1 c(1) = 2 d(1) = 2
q(2) =−1 c(2) = 6 d(2) = 4
q(3) =−2 c(3) = 10 d(3) = 4
q(4) =−2 c(4) = 16 d(4) = 4
ax(1) = 8 ay(1) = 0
ax(2) = 12 ay(2) = 0

ax(3) = 14 ay(3) = 0
ax(4) = 18 ay(4) = 0

result
Theta and R - forces
theta(0) = 0
　r(1)　=　4.94008819018359
　r(2)　=　7.40989263803813
　r(3)　=　3.41104294478419
　r(4)　=　11.2392638036811
　r(0) = 2.99971242331296

deformation
x(0) = 0　　y(0) = 0　　　　　　　　　　theta(0) = 0
x(1) = 1　　y(1) =- 2.24966449386514　　theta(1) =- 3.99937691717815
x(2) = 2　　y(2) =- 6.99884969325194　　theta(2) =- 4.99904141104321
x(3) = 3　　y(3) =- 11.2895098415138　　theta(3) =- 3.16566014826208
x(4) = 4　　y(4) =- 12.6635991820053　　theta(4) = .667433537832039
x(5) = 5　　y(5) =- 11.5797386247455　　theta(5) = 1.66690631390588
x(6) = 6　　y(6) =- 8.99654907975582　　theta(6) = 3.66609151329226
x(7) = 7　　y(7) =- 4.45598479038927　　theta(7) = 4.99832246932533
x(8) = 8　　y(8) = 0　　　　　　　　　　theta(8) = 3.33026584867139
x(9) = 9　　y(9) = 1.69446574642097　　theta(9) = .131965746421884
x(10) = 10　y(10) = .243865030677625　　theta(10) =- 3.12653374233059
x(11) = 11　y(11) =- .953668200410903　theta(11) = .388100715746077
x(12) = 12　y(12) =- 3.63797880709171E - 12　theta(12) = .842535787319548
x(13) = 13　y(13) = .279652351737241　　theta(13) =- 5.82822085907537E - 02
x(14) = 14　y(14) = 0　　　　　　　　　theta(14) =- .609406952966992
x(15) = 15　y(15) =- .837423312892497　theta(15) =- .771983640083135
x(16) = 16　y(16) =- .95705521473792　　theta(16) = .826175869119879
x(17) = 17　y(17) = .485173824119556　　theta(17) = 1.35173824130766
x(18) = 18　y(18) =- 3.63797880709171E - 12　theta(18) =- 3.36196319018472
x(19) = 19　y(19) =- 6.77862985686079　theta(19) =- 9.69529652351821
x(20) = 20　y(20) =- 18.7239263803785　theta(20) =- 14.0286298568512
maximum value
x(20) = 20　　fmax =- 18.7239263803785

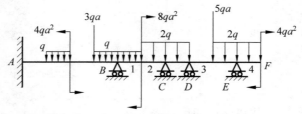

习题 5.13 解答用图

习题 5.14 数据文件：

序号	变量/数组	数据文件 EXC514.DAT
1	N,J,K,M,T,S,D,FX	6,6,5,11,11,1,20,0
2	EI,L	1,20
3	AX(M),AY(M)	1,0,3,0,4,0,6,0,8,0,9,0,10,0,13,0,15,0,19,0,20,0
4	M(N),F(N)	4,3,−6,6,12,9,5,14,3,16,−12,18
5	P(J),B(J)	−3,2,−2,5,−5,7,−7,11,−10,12,−8,17
6	Q(K),C(K),D(K)	−1,0,2,−2,3,2,3,7,3,−1,12,2,−2,16,4

习题 5.14 结果文件：

乘子,挠度 $\left(\dfrac{qa^4}{EI}\right)$,转角 $\left(\dfrac{qa^3}{EI}\right)$,力($qa$)

```
CONDITION
n = 6          j = 6          k = 5          m = 11         t = 11
ei = 1         l = 20         s = 1          d = 20         fx = 0
m( 1 ) = 4     a( 1 ) = 3
m( 2 ) =−6     a( 2 ) = 6
m( 3 ) = 12    a( 3 ) = 9
m( 4 ) = 5     a( 4 ) = 14
m( 5 ) = 3     a( 5 ) = 16
m( 6 ) =−12    a( 6 ) = 18
p( 1 ) =−3     b( 1 ) = 2
p( 2 ) =−2     b( 2 ) = 5
p( 3 ) =−5     b( 3 ) = 7
p( 4 ) =−7     b( 4 ) = 11
p( 5 ) =−10    b( 5 ) = 12
p( 6 ) =−8     b( 6 ) = 17
q( 1 ) =−1     c( 1 ) = 0     d( 1 ) = 2
q( 2 ) =−2     c( 2 ) = 3     d( 2 ) = 2
q( 3 ) = 3     c( 3 ) = 7     d( 3 ) = 3
q( 4 ) =−1     c( 4 ) = 12    d( 4 ) = 2
q( 5 ) =−2     c( 5 ) = 16    d( 5 ) = 4
ax( 1 ) = 1    ay( 1 ) = 0
ax( 2 ) = 3    ay( 2 ) = 0
ax( 3 ) = 4    ay( 3 ) = 0
ax( 4 ) = 6    ay( 4 ) = 0
ax( 5 ) = 8    ay( 5 ) = 0
ax( 6 ) = 9    ay( 6 ) = 0
ax( 7 ) = 10   ay( 7 ) = 0
ax( 8 ) = 13   ay( 8 ) = 0
ax( 9 ) = 15   ay( 9 ) = 0
```

```
ax( 10 ) = 19      ay( 10 ) = 0
ax( 11 ) = 20      ay( 11 ) = 0


Theta and R - forces
theta(0) = .155118411296087
 r( 1 ) =   4.82338143316088
 r( 2 ) =   6.1113300076421
 r( 3 ) = - 3.05992359148594
 r( 4 ) =   3.10338862809241
 r( 5 ) =   11.9419259386422
 r( 6 ) = - 13.9866663104173
 r( 7 ) =   6.8117209133932
 r( 8 ) =   15.301563750478
 r( 9 ) = - 1.12860419201268
 r( 10 ) =   15.0537726504556
 r( 11 ) = - 2.29117874691355
 r(0) =- .680710481034794


deformation
x( 0 ) = 0     y( 0 ) = 0                              theta( 0 ) = .155118411296087
x( 1 ) = 1     y( 1 ) = 0                              theta( 1 ) =- .351903491468619
x( 2 ) = 2     y( 2 ) =- .460146904421833              theta( 2 ) =- .12794515868751
x( 3 ) = 3     y( 3 ) = 1.13686837721616E - 13         theta( 3 ) = .905350792886225
x( 4 ) = 4     y( 4 ) =- 6.82121026329696E - 13        theta( 4 ) =- .196350632926283
x( 5 ) = 5     y( 5 ) = .181978455489343               theta( 5 ) = .42598710528614
x( 6 ) = 6     y( 6 ) = 0                              theta( 6 ) =- 1.42426445488513
x( 7 ) = 7     y( 7 ) =- .417959893502939              theta( 7 ) = .471255667271407
x( 8 ) = 8     y( 8 ) =- 9.09494701772928E - 13        theta( 8 ) =- .335758214197313
x( 9 ) = 9     y( 9 ) = 0                              theta( 9 ) = 2.12565687002962
x( 10 ) = 10   y( 10 ) =- 3.63797880709171E - 12       theta( 10 ) =- 2.16686926593457
x( 11 ) = 11   y( 11 ) =- 2.90587650477119             theta( 11 ) =- 2.30080932060264
x( 12 ) = 12   y( 12 ) =- 3.08013646187464             theta( 12 ) = 2.12969716272073
x( 13 ) = 13   y( 13 ) = 2.72848410531878E - 12        theta( 13 ) = 2.45798351737108
x( 14 ) = 14   y( 14 ) = 1.07424004394488             theta( 14 ) = .50149828525241
x( 15 ) = 15   y( 15 ) = 7.27595761418343E - 12        theta( 15 ) =- 1.92230999172784
x( 16 ) = 16   y( 16 ) =- 1.50314387536309             theta( 16 ) =- .544410076244048
x( 17 ) = 17   y( 17 ) =- 1.59301812033846             theta( 17 ) = .737562602364278
x( 18 ) = 18   y( 18 ) =- .948883305152776             theta( 18 ) =- .743058622570061
x( 19 ) = 19   y( 19 ) = 5.45696821063757E - 12        theta( 19 ) = 1.01372624895384
x( 20 ) = 20   y( 20 ) =- 1.81898940354586E - 11       theta( 20 ) =- .465196457835646
maximum value
x( 12 ) = 12   fmax =- 3.08013646187464
```

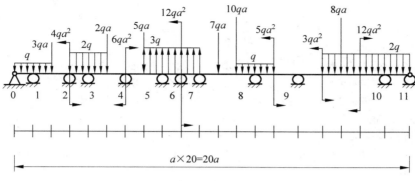

习题 5.14 解答用图

参 考 文 献

[1] 杨涛,王爱茹,王增辉.计算方法[M].北京:中国水利水电出版社,2005.

[2] 吴继庚.实用数值计算方法与程序[M].北京:冶金工业出版社,1991.

[3] 叶金铎.求解梁变形的一种新方法——固定端法[J].力学与实践,1989(2):77-79.

[4] 叶金铎.梁变型的通用计算方法及电算程序[J].天津冶金,1991(4):15-18.

[5] 叶金铎.超静定梁变形计算的有限差分法[J].力学与实践,2007(2):67-68.

[6] 王秀华,张春秋,门玉涛,等.超静定梁变形计算的积分法[J].力学与实践,2009(4):
     79-81.

[7] 陈剑平,叶金铎.平面物系与平面桁架的计算机方法[J].天津理工学院学报,1999(s1):
     27-30.

[8] ZHANG C Q, YE J D, WANG X H, et al. Investigation and teaching practice of hybrid
     method to calculate the forces and deformations[C]//南京理工大学机械工程学院.
     Proceedings of the 3rd ICMEM International Conference on Mechanical Engineering and
     Mechanics(Volume 1).南京理工大学机械工程学院,2009:953-956.

[9] 叶金铎,赵连玉,沈兆奎,等.工业构件塑变校正的非线性有限元分析[J].机械设计,2004
     (9):33-35.

[10] 武云鹏,程光凯,赵媚娇,等.井架结构强度计算研究[C]//中国力学学会.第十五届北方
      七省市区力学学术会议论文集.中国力学学会,2014:245-247.

[11] 叶金铎,李哲,席玉廷,等.海上运货6t吊笼结构的设计研究[J].起重运输机械,2012(5):
      29-33.

[12] 武云鹏,叶金铎,郝淑英,等.桁架结构强度计算研究[J].天津理工大学学报,2014(1):
      47-49,59.

[13] 叶金铎.三次梁样条函数及其应用[J].天津理工学院学报,1997(1):16-23.

[14] 哈尔滨工业大学理论力学教研室.理论力学:上册[M].7版.北京:高等教育出版
      社,2009.

[15] 刘鸿文.材料力学:Ⅰ,Ⅱ[M].5版.北京:高等教育出版社,2011.